智慧水利工程建设与水处理应用

主　编　田雪平　孙　军　郭　焱
副主编　刘运佳　苗宝文　周成坤
　　　　张　涛　姚志武　张家胜
　　　　武美霞

汕头大学出版社

图书在版编目（CIP）数据

智慧水利工程建设与水处理应用 / 田雪平，孙军，郭焱主编. -- 汕头 : 汕头大学出版社，2024.8.
ISBN 978-7-5658-5389-0

Ⅰ. TV-39; TU991.2

中国国家版本馆CIP数据核字第20243JT021号

智慧水利工程建设与水处理应用
ZHIHUI SHUILI GONGCHENG JIANSHE YU SHUICHULI YINGYONG

主　　编：	田雪平　孙　军　郭　焱
责任编辑：	黄洁玲
责任技编：	黄东生
封面设计：	周书意
出版发行：	汕头大学出版社
	广东省汕头市大学路243号汕头大学校园内　邮政编码：515063
电　　话：	0754-82904613
印　　刷：	廊坊市海涛印刷有限公司
开　　本：	710mm×1000mm 1/16
印　　张：	11.5
字　　数：	195千字
版　　次：	2024年8月第1版
印　　次：	2024年9月第1次印刷
定　　价：	68.00元

ISBN 978-7-5658-5389-0

版权所有，翻版必究

如发现印装质量问题，请与承印厂联系退换

PREFACE 前 言

水利工程信息化，具体来讲就是充分利用现代信息技术，开发和利用水利信息资源，包括水利信息的采集、传输、存储、处理，以及对水利模型的分析和计算，提高水利信息资源的应用水平和共享程度，从而全面提高水利建设和水事处理的效率与效能。长期的水利实践证明，完全依靠工程措施不可能有效地解决当前复杂的水问题。广泛应用现代信息技术，充分开发水利信息资源，拓展水利信息化的深度和广度，工程措施与非工程措施并重是实现水利现代化的必然选择。以水利信息化带动水利现代化，以水利现代化促进水利信息化，增加水利的科技含量，降低水利的资源消耗，提高水利的整体效益是21世纪水利发展的必由之路。

国内水电站建设突飞猛进，水电站设备自动化技术也发生了巨大的变化，计算机技术已广泛应用于水电站设备自动化的各个系统。如控制设备从最初的继电器，到单片机，再到如今的可编程控制器及计算机；继电保护从继电器，到集成电路，再到微机型保护设备等。以上设备的更新换代，不但提高了水利工程的自动化水平，而且使水电厂实现无人值班（少人值守）目标成为可能。同时，随着近年来数字水利大数据与数字孪生技术的兴起，水利信息自动化、水利设备自动化将会越来越成熟。

随着现代化电力工业的发展，大容量高参数发电机组的投运不断增多，火力发电机组对水质要求越来越高，水处理技术尤为重要，它不仅仅直接关系到电厂和发电机组的效益、设备的安全稳定及经济运行，更关系到水资源的充分利用，更好服务于社会的问题。随着新技术和新产品的应用，水处理技术得到充分发展。

本书以"智慧水利工程建设与水处理应用"为主题进行深入研究，阐释了水利工程信息化技术，包括水利信息化的基本内涵及目标、水利信息化建设的关键、智慧水利及其应用等，着重探讨了水利信息化的信息技术，介绍了智慧水利大数据与数字孪生技术，分析了电厂水处理基础、城市污水处理及其建设工程等内容。本书结构完整，覆盖范围广泛，层次清晰，在内容布局、逻辑结构、理论创新诸方面都有独到之处。

限于笔者知识水平、经验不足和成稿仓促，书中难免有不妥、疏漏和错误之处，恳请读者批评指正。

CONTENTS 目 录

第一章 水利工程信息化概述 1
  第一节 水利信息化的基本内涵及目标 1
  第二节 水利信息化建设的关键 9
  第三节 智慧水利及其应用 12
  第四节 "智慧水利"的发展和技术研究 17

第二章 水利信息化的信息技术 30
  第一节 水利信息数字化技术 30
  第二节 水利信息采集技术 34
  第三节 水利信息传输与存储技术 38
  第四节 水利信息服务技术 40
  第五节 水利知识服务技术 47
  第六节 水利信息可视化技术 51
  第七节 水利信息软件平台技术 54

第三章 智慧水利大数据与数字孪生技术 59
  第一节 智慧水利建设 59
  第二节 智慧水利大数据理论框架解析 63
  第三节 智慧水利大数据关键技术体系 70
  第四节 智慧水利大数据智能应用模式 72
  第五节 数字孪生流域建设技术 73
  第六节 数字孪生水利工程建设技术 81

第四章 电厂水处理基础 88
  第一节 锅炉补给水处理 88
  第二节 热力系统水处理 95

  第三节　其他水处理 ……………………………………………… 110
第四章　城市污水处理及其建设工程 …………………………………… 118
  第一节　城市污水处理的工艺技术及建设模式 ……………… 118
  第二节　城市污水处理厂的运行技术 ………………………… 133
  第三节　市政污水处理建设工程的质量管理 ………………… 141
第六章　火力发电厂废水处理及中水回用 ……………………………… 150
  第一节　火力发电厂排放的废水 ……………………………… 150
  第二节　火力发电厂各类废水处理技术 ……………………… 156
  第三节　废水的集中处理及回用 ……………………………… 166
  第四节　火力发电厂的水平衡 ………………………………… 167
  第五节　中水回用 ……………………………………………… 172
参考文献 …………………………………………………………………… 177

第一章　水利工程信息化概述

第一节　水利信息化的基本内涵及目标

一、水利信息化的内涵及目标

水利被定义为"采用各种措施和手段，对自然界的水，如河流、湖泊、海洋以及地下水，进行控制、调节、治导、开发、管理和保护，以减轻和免除水旱灾害，并供给人类生产和生活必需的水"。

兴利除害是水利的本质。从现实水利工作的角度来看，实现水利目标的方式有2种，一是技术措施，二是行政手段，前者为水科技，后者为水行政。由于水在人类生存中的特殊作用，需采取各种措施使水利的效益最大化。水利信息化就是指培育和发展以智能化工具为代表的新的生产力，从而提高水利行业的效益的历史过程。这一定义包含3个方面：第一，水利信息化的关键是培育和发展智能化工具，也就是充分地利用最先进的高新技术（主要是信息技术），提高水利技术的智能化程度，提高水利行政管理的数字化程度；第二，水利信息化的目的是全面提高技术水平和管理效率，从而提高水利行业的整体效益；第三，水利信息化是社会和国民经济信息化的整个历史过程的一部分。

水利信息化的首要任务是在水利业务中广泛应用现代信息技术，建设水利信息系统的基础设施，充分发掘信息资源的潜在知识，并运用于提高防汛调度、水资源优化配置、水工程监控和水行政的整体水平，以促进水利业务的现代化。

水利信息化是国民经济信息化的重要组成部分。水利信息化需要其他行业的支持，水利信息化也对其他行业信息化提供支持。水利信息化离不开国民经济各部门的信息化。

水利信息化是一个发展过程，而不是一个短期目标。水利信息化的过程是生产力不断发展和创新的历史过程,并起到不断拓展水利发展空间的作用。

二、水利信息化的必要性

(一)由水引发的问题

由水引发的问题有洪涝灾害、水资源短缺、水土流失严重、水污染加剧。面对严峻形势,水利需要全面提高效率与能力,需要与国民经济和社会发展相适应,需要用水利信息化带动水利现代化。

1. 洪涝灾害

洪涝灾害包括洪水灾害和雨涝灾害两类。其中,由于强降雨、冰雪融化、冰凌、堤坝溃决、风暴潮等原因引起江河湖泊及沿海水量增加、水位上涨而泛滥以及山洪暴发所造成的灾害称为洪水灾害;因大雨、暴雨或长期降雨量过于集中而产生大量的积水和径流,排水不及时,致使土地、房屋等渍水、受淹而造成的灾害称为雨涝灾害。由于洪水灾害和雨涝灾害往往同时或连续发生在同一地区,有时难以准确界定,往往统称为洪涝灾害。其中,洪水灾害按照成因,可以分为暴雨洪水、融雪洪水、冰凌洪水、风暴潮洪水等。根据雨涝发生季节和危害特点,可以将雨涝灾害分为春涝、夏涝、夏秋涝和秋涝等。

2023年,全国平均降水量612.9毫米,较常年偏少3.9%,出现区域暴雨过程35次,全年洪涝灾害共造成5278.9万人次不同程度受灾,因灾死亡失踪309人,倒塌房屋13万间,直接经济损失2445.7亿元。此外,全国共发生滑坡、崩塌、泥石流等地质灾害3666起,灾害级别以小型为主,主要发生在华北、西南等地区。2023年,因洪涝和地质灾害造成直接经济损失2451亿元。

2. 水资源短缺

随着人口的增长、经济的高速发展和社会的不断进步,水资源短缺的形势日益严峻,旱灾发生的频率、范围和影响领域不断扩大,旱灾造成的损失也越来越大。

3. 水土流失严重

2023年全国水土流失面积265.34万平方公里，占国土面积的27.6%，严重的水土流失导致土地生产力下降，洪涝干旱灾害加剧，生态环境恶化，沙尘暴频繁发生，江河湖库淤积严重，对国民经济、社会发展和人民生活造成严重影响。

4. 水污染加剧

未经处理直接排入江河湖库，远远超过天然水体的自净能力，导致天然水体大范围污染，严重破坏了生态环境，不但造成巨大的经济损失，而且引起的环境破坏难以恢复。

洪涝灾害、干旱缺水、水土流失和水污染四大问题还远没有解决，每年带来的损失巨大。

面对严峻形势，水利需要全面提高效率与能力，需要与国民经济和社会发展相适应，需要用水利信息化带动水利现代化。

(二) 水利信息化是治水观念的创新

水利信息化是国民经济和社会信息化的重要组成部分。国民经济各部门是一个相互联系的有机整体。国民经济和社会信息化程度，取决于各部门和社会各方面信息化的程度。推进国民经济和社会信息化，必须在国家信息化整体规划的指导下，统筹安排，分部门实施，社会各方面联动。同时，水利信息化建设是整个国民经济和社会信息化建设的重要组成部分。水利作为国民经济和社会的基础设施，不但水利事业要超前发展，水利信息化也要优先发展，适度超前。这既是国民经济和社会信息化建设的大势所趋，也是水利事业自身发展的迫切需要。一方面，在国民经济各部门中，水利是一个信息密集型行业，为保障经济社会发展，水利部门要向各级政府、相关行业及社会各方面及时提供大量的水利信息。譬如，水资源、水环境和水工程的信息，洪涝干旱的灾情信息，防灾减灾的预测和对策信息等。另一方面，水利建设发展也离不开相关行业的信息支持。譬如，流域、区域社会经济信息、生态环境信息、气候气象信息、地球物理信息、地质灾害信息等。因此，水利行业必须加快水利信息化建设步伐，在国民经济和社会信息化建设中发挥应有的作用，这是对治水观念的创新要求。

1. 智慧水利是水利信息化的新要求

"十四五"智慧水利建设总体目标是：坚持"需求牵引、应用至上、数字赋能、提升能力"总要求，以数字化、网络化、智能化为主线，以数字化场景、智慧化模拟、精准化决策为路径，以网络安全为底线，通过建设数字孪生流域、"2+N"水利智能业务应用体系、水利网络安全体系、智慧水利保障体系，推进水利工程智能化改造，建成七大江河数字孪生流域，在重点防洪地区实现"四预"，在跨流域重大引调水工程、跨省重点河湖基本实现水资源管理与调配"四预"，提升 N 项业务应用水平，建成智慧水利体系 1.0 版，水利数字化、网络化和重点领域智能化水平明显提升，为新阶段水利高质量发展提供有力支撑和强力驱动。

2. 推进水利信息化可满足提高防汛决策指挥水平的需要

水情和旱情信息是防汛方案编制的依据与决策的基础。运用先进的水利信息技术手段，可以大大提高雨情、水情、工情、灾情信息监测和传输的时效性与准确性，提高预测、预报的速度和精度，降低灾害损失。

3. 推进水利信息化可满足增加水利科技含量和管理水平的需要

水利作为传统行业、技术创新和管理创新的任务十分繁重。通过推进水利信息化，可逐步建立防汛决策指挥系统，水资源监测、评价、管理系统，水利工程管理系统等，改善管理手段，增加科技含量，提高服务水平，促进技术创新和管理创新。

4. 推进水利信息化可满足政府职能转变的需要

通过组建水利系统水利信息化专网，可以实现水利系统内部信息资源的共享，进行数据、语音、视频的网上传输，以及非机密文件、资料的网上交换等，最大限度地提高工作效率。通过水利互联网站的建立，可以推行政务公开，加强政府机关与社会各界的联系，通过互联网发布招标公告，公布水利政策法规及办事程序，普及水利知识，也便于社会各界更加有效地监督水利工作。

（三）水利信息化带来的效益

有效地利用政府内部和外部资源，提高资源的利用效率，对改进政府职能、实现资源共享和降低行政管理成本具有十分重要的意义。水利信息化可以把一定区域乃至全国的水利行政机关连接在一起，真正实现信息、知识、人力以及创新的方法、管理制度、管理方式、管理理念等各种资源的共享，提高包括信息资源在内的各种资源利用的效率。

水利信息化还可以大大降低政府的行政管理成本。在电子网络政府状态下，由于行政系统内部办公自动化技术的普遍运用，大量以传统作业模式完成的行政工作，可以在一种全新的网络环境下进行，从而可以有效地降低行政管理成本。

三、水利信息化的规划与主要任务

（一）水利信息化的规划

水利信息化是项庞大而系统的工程，不能一蹴而就，需要我们有统一的指导思想，要做到统筹规划、示范引领；整合共享、集约建设；融合创新、先进实用；整体防护、安全可靠。

1. 统筹规划、示范引领

遵循《智慧水利建设顶层设计》，按照智慧水利建设"全国一盘棋"思路，统筹推进水利部本级、流域管理机构、省各级智慧水利建设。同时，针对智慧水利建设、管理和应用中的难点和重点问题，开展技术攻关和示范引领，形成一批可复制推广成果，有序推进智慧水利建设和应用。

2. 整合共享、集约建设

按照"整合已建、统筹在建、规范新建"的要求，注重信息化资源整合与共建公用，充分利用现有的信息采集、网络通信、计算存储等基础设施及国家新型基础设施，实现水利信息化资源集约节约利用和共享，避免重复建设。

3. 融合创新、先进实用

紧紧抓住水利业务与新一代信息技术融合创新的关键，强化数字孪生流域和"四预"功能应用，赋能水旱灾害防御、水资源集约节约利用、水资源优化配置、大江大河大湖生态保护治理，切实解决水利工作实际问题。

4. 整体防护、安全可靠

按照网络安全等级保护基本要求，在重点强化水利关键信息基础设施安全防护的同时，构建安全可靠的水利网络安全体系，强化国产安全可靠软硬件应用，全面提升网络风险态势感知、预判与信息安全防护能力，保障网络等基础设施、数据和信息系统的安全。

（二）水利信息化的主要任务

1. 国家水利基础信息系统工程的建设

水利基础信息系统工程的建设包括国家防汛指挥系统工程、国家水质监测评价信息系统工程、全国水土保持监测与管理信息系统、国家水资源管理决策支持系统等。这些基础信息系统工程包括分布在全国的相关信息采集、信息传输、信息处理和决策支持等分系统建设。其中，已经开始部分实施的国家防汛指挥系统工程，除了近1/3的投资用于防汛抗旱基础信息的采集外，作为水利信息化的龙头工程，还将投入大量的资金建设覆盖全国的水利通信和计算机网络系统，为各基础信息系统工程的资料传输提供具有一定带宽的信息高速公路。

2. 基础数据库建设

数据库的建设是信息化的基础工作，水利专业数据库是国家重要基础性公共信息资源的一部分。水利基础数据库的建设包括国家防汛指挥系统综合数据库含实时水雨情库、工程数据库、社会经济数据库、工程图形库、动态影像库、历史大洪水数据库、方法库、超文本库和历史热带气旋等9个数据库，以及国家水文数据库、全国水资源数据库、水质数据库、水土保持数据库、水利工程数据库、水利经济数据库、水利科技信息库、法规数据库、水利文献专题数据库和水利人才数据库等。

上述数据库及应用系统的建设，将很大程度上提高水利部的业务和管理水平。信息化的建设任务除上述内容外，还要重视以下3个方面的工作。

第一，切实做好水利信息化的发展规划和近期计划，规划既要满足水利整体发展规划的要求，又要充分考虑信息化工作的发展需要；既要考虑长远规划，又要照顾近期计划。

第二，重视人才培养，建立水利信息化教育培训体系，培养和造就一批水利信息化技术与管理人才。

第三，建立健全信息化管理体制，完善信息化有关法规、技术标准规范和安全体系框架。

3.综合管理信息系统设计

水利综合管理信息系统主要包括：①水利工程建设与管理信息系统；②水利政务信息系统；③办公自动化系统；④政府上网工程和水利信息公众服务系统建设；⑤水利规划设计信息管理系统；⑥水利经济信息服务系统；⑦水利人才管理信息系统；⑧文献信息查询系统。

四、水利工程信息化建设的现状与提升措施

(一) 现状

1.信息安全问题比较突出

在水利工程设计过程中，计算机作为主要的应用设备，如何有效保障计算机的信息安全，是整个水利工程设计工作的关键。若是没有科学严谨的安全措施，就可能会导致设计的数据信息遭到窃取或破坏，相关的工程数据和行业机密信息被入侵，这样不仅会使应用系统出现瘫痪，无法保障设计工作的顺利开展，对于整个水利工程行业的发展也有着巨大的影响。因此，加强对计算机的信息安全化建设是有必要的。

2.顶层设计的不足

目前我国水利信息化建设仍然处于发展中阶段，必须坚持投入才能够逐渐显现效果，而这也意味着在持续投入的过程中必然会造成产出滞后情况。许多大量的成本投入却无法实现立竿见影的效果，这就导致了一些水利单位负责人缺乏对于水利信息化建设的重视，没有形成大局意识，也不注重水利信息化建设的全面性，即便是为了响应国家政策进行水利信息化建设，却没有结合本单位实际需求，建设时过于武断，遇到问题难以解决，进而导致机械化的建设逐渐走入死胡同，无法形成良性发展。

3.无法满足行业需求

随着我国经济建设不断深入，现代化技术手段在各行各业发展过程中也得到了广泛的应用，许多行业都会对水利相关信息有着巨大的需求。比如，城市建设中会需要水利信息化中的对于水生态、水土保持、环境影响等相关数据信息，而且对于这些信息的要求也非常专业。面对这些广泛的行业

需求，许多水利传统的信息采集已经无法满足社会发展的需要，更不能进行人性化的调整，即便是收集来的信息也无法得到充分利用，甚至是许多信息根本无法收集，极大的影响了水利信息化的质量和价值发挥。

（二）提升对策

1. 提高思想认识

必须认识到计算机技术的作用，从而来保证计算机技术能够在信息化建设过程中发挥出更大的作用。提高相关人员的思想认识，使他们参与到整个信息化建设过程中，从而来保证水利工程更加符合人民的需求。因为水利工程信息化的建设是一个长期性的工程，所以在这个建设过程中，相关的人员必须提高自身的思想认识。随着科学技术的发展，相关人员要不断地更新自身的思想认识，从而才能够保证建设起更高水平的信息化管理。

2. 运行维护管理系统

可以将信息化技术与水利工程管理相结合，不断对水利工程本身的价值进行评估和统计分析，再对数据进行修正，进而完善水利工程管理的功能，让水利工程充分发挥出自身价值。运行维护管理系统可以对水利设施进行维护，通过对水库、河道、泵站等进行监测，分析监测数据，能够及时发现运行过程中存在的问题，从而采取相应的维修方案，保障工程正常运行。

3. 建立新型水利信息化管理模式

水利现代化管理离不开水利信息化建设，只有建成完善的信息化系统，才能为现代化管理提供基础支持。水利信息化建设涉及信息采集、信息传输、数据存储、数据处理、决策支持等多个系统，以及系统之间的协同，因此传统的电子技术简单的叠加已经满足不了水利信息化的需求。我们必须根据现代化管理的要求对水利信息化管理模式进行创新，建立更宏观、更前瞻的科学合理的信息化管理机制，从信息化建设的需求阶段开始统筹管理，保证信息系统的良性发展。水利现代化管理是一个持续发展的事业，信息化建设是一个动态的工程，应该根据水利工程建设管理的发展及时对信息化建设进行调整，使其满足水利现代化管理的需要。

第二节　水利信息化建设的关键

水利信息化建设是一项长期而艰巨的任务。要搞好水利信息化建设，首先必须抓住水利信息化建设的关键。水利信息化建设的关键主要表现为以下几个方面。

一、正确认识水利信息化

对水利信息化正确和充分的认识，是水利信息化的重要基础。一是要充分认识水利信息化的重要意义，要充分认识到信息化是时代发展的必然结果，是水利现代化的重要标志；二是要认识到水利信息化是提高现代水利管理水平的重要手段，水利信息化将提高社会所需水资源的保证率，为社会提供高可信度的防灾减灾服务，为保护水环境提供准确快捷的信息支持，促进水利从粗放型向精细型转变，支持和推动国民经济信息化等方面发挥重要作用；三是要充分认识到水利信息化的艰巨性和复杂性，水利信息化建设是一项长期而艰巨的任务，不是一朝一夕就能完成的，要有充分的思想准备。

二、对现代信息技术的掌握和利用

水利信息化涉及大量新的知识和技术，如网络技术、数据库技术、3S技术等。要顺利实施水利信息化，必须充分掌握这些技术，并对技术的发展方向有正确的把握。同时，在水利工程建设和管理中大量使用这些新技术，为水利信息化打下良好的基础。

三、改革与信息化不相适应的体制

水利信息化是水利领域的一场大变革，为此，需要对现有的水利管理体制中那些不适应的部分进行改革。水利体制改革，包括水行政管理体制、流域管理体制、城市水利管理体制、水利投资管理体制、水利建设管理体制、水利科技管理体制、水文管理体制改革等。其中，重点是水行政管理体制的改革，实行水资源的统一管理，建立权威、高效、统一、协调的管理体制。使得生产关系适应生产力发展的要求，并反过来促进生产力的发展，促进信息化的进程。

四、加强规章制度的建设

水利信息化就是要发展生产力，实现水利效益的最大化。而水利生产力的发展必然带来水利生产关系的相应调整。因此，制定相应的行政法规和规章制度，协调单位和部门间的责、权、利的再分配十分必要。这个问题处理不好，就会形成对水利信息化发展的阻力，导致水利信息化建设无法正常进行。

规章制度的建设是水利信息化建设的根本保障。规章制度主要包括两个方面的内容：一是技术规范，二是行政法规。

信息化的主要目的是开发信息资源，发展以智能化工具的应用为代表的新的生产力。而这一切的核心是信息的高度共享。因此，必须制定一系列强制执行的技术规范，以保障实现信息资源的有效开发和共享利用。

五、信息化项目建设管理的规范化

在水利信息化项目建设中，各级信息化建设领导机构必须切实加强水利信息化项目建设的管理。要确保各阶段、各层次、各环节的工作有序、高效、协调地进行，高质量地完成项目建设任务。为此，必须在统一规划、统一领导、统一标准的原则下，建立、健全一整套科学的项目建设管理制度。一是规划、计划专家论证评审制度，保证规划和计划的科学性；二是建立项目立项审批制度，各级信息化领导小组要参与对信息化项目的立项审批，防止项目建设的盲目性和重复性；三是建立公开招标投标制度，保证项目建设的高质量，低成本；四是建立项目检查和验收制度并严格项目资金管理。

六、加强人才队伍建设

水利信息化需要大量的高技术人才，人才是信息化的关键因素之一。水利信息化需要管理人才、水利技术人才、信息技术人才。由于水利是专业性的行业，管理人才和信息技术人才相对缺乏，懂管理、精水利、通信息技术的复合型人才更是十分缺乏。如何让人才进得来、留得住，是关系到水利信息化发展的大问题，也是关系到水利可持续发展的大问题。

获得人才的有效途径一是引进，二是培训。对一些紧缺人才和高层次人才，以引进为主；其他各类人才，以培训为主。重点要引进和培养既精通水利技术，又精通信息技术，还懂管理的复合型人才。

吸引和留住人才的关键在于水利的发展前途。要树立"事业留人""感情留人""待遇留人"的基本思想。对人才的放手使用，是留住人才的关键。必须制定特殊的人才政策，在提拔任用、评聘职称、经济待遇等方面，适度倾斜。在全行业营造关心人才、尊重人才、重用人才的良好氛围。

信息化的另一个关键因素是要提高全体水利从业人员的综合素质。因此，水利信息化建设要安排足够的经费，制订人才培训计划和完善人才培养政策，大力开展水利从业人员的岗前培训、岗位培训，并将信息技术的应用作为主要培训内容。建立健全考核制度，要把对信息技术的掌握程度纳入干部的考核目标和录用标准；各级领导干部要带头学习信息技术，努力提高自己应用信息技术的能力，为加强对水利信息化建设的领导创造条件。

七、正确认识水利信息化与相关建设的关系

(一) 水利信息化与水利现代化

水利信息化与水利现代化是两个不同的概念。水利信息化是指利用信息技术逐步实现水利自动化、智能化的历史过程。而水利现代化表现为水利行业利用当今最先进的科学技术水平，以及由此产生的生产力和生产关系的调整。

但是，水利信息化与水利现代化又是相关的，水利信息化是水利现代化的重要标志，水利信息化有助于水利现代化的尽快实现。

(二) 水利信息化与国民经济信息化

水问题是国民经济和社会发展的基本问题。水利信息化是国民经济信息化的一个重要组成部分。从系统工程的角度来看，国民经济各部门是一个有机的整体，其中的任何行业都不可能单独地全面信息化。但是，信息化是一个历史过程，在这个过程中，各行业的发展将是不平衡的。水利作为国民经济的重要基础，必须优先发展。因此，水利信息化应适度超前发展。特别

是在水文信息的采集与共享、防汛减灾、水资源优化配置和水生态及环境保护方面的信息化，应该大力推进，从而支持和促进国民经济信息化的发展。

(三) 水利信息化与防汛指挥信息化

水利信息化是水利现代化的基础，水利现代化是现代化防汛指挥得以实现的基本保障。因此，水利信息化建设与防汛指挥系统建设既有区别，又有联系。防汛指挥不仅需要水利信息，而且需要其他行业和部门的相关信息；水利信息化建设不仅为防汛指挥系统提供信息基础和信息服务，还为其他业务部门和相关行业提供服务。在水利信息化建设与防汛指挥系统建设中，相互关联的主要是信息采集系统建设和信息服务系统建设两大环节。考虑到国家防汛指挥系统建设在先，水利信息化系统建设时，应充分考虑这些已建设的系统或已完成的设计，将其纳入整个信息化建设中统一考虑，以便更好地满足防汛指挥的需要。

第三节 智慧水利及其应用

当前社会正处于一个飞速发展的时期，信息化、智能化等高新科技是这个时代的主题。而智慧水利不仅是水利行业迈向水利现代化的重要组成部分，也是反映水利现代化水平的重要标志，提高了水利工作者的工作效率，为人民群众的生活质量提供了保障，推动了创新型国家的建设。

一、"智慧水利"的定义

"智慧水利"就是利用信息化、智能化、数据化帮助传统水利迈向现代化水利的一个过程。主要是以数据采集、传输、存储和管理为基础，通过运用先进成熟的通信、卫星影像、计算机网络、信息采集与处理技术手段，建立以信息采集与管理业务为核心，服务于防汛调度监控、水环境监测等业务的信息化与卫星影像作业平台，实现信息技术标准化、采集自动化、传输网络化、管理集成化等目标。此外，通过水利信息资源高度融合，在水利信息化的基础上深度开发利用，利用物联网技术、无线宽带、云计算等高新科技与水资源信息系统的融合，实现水资源信息共享和智能管理，切实提高水利工程运行管理的效率和效益。智慧水利涵盖了水文、水质、水资源、供水、排水、防汛、排涝等各方面，是通过各种信息传感设备，测量降雨量、水位、流量、流速、水质等水资源要素，并通过无线终端设备和互联网传递信息，从而实现智能信息识别、计算、监控、定位、跟踪、管理、模拟、预测和管理。

二、智慧水利的特征

第一，透彻感知。透彻感知是智慧水利的"感官"，通过全方位、全对象、全指标的监测，为水利行业管理与公共服务提供多种类、精细化的数据支撑，是实现智慧水利的前提和基础。透彻感知既需要传统监测手段，也需要物联网、卫星遥感、无人机、视频监控、智能手机等新技术的应用；既需要采集行业内的主要特征指标，也需要采集与行业相关的环境、状态、位置等数据。

第二，全面互联。全面互联是智慧水利的"神经网络"，实现感知对象和各级平台之间的互联互通，关键在于广覆盖、大容量，为随时随地的应用提供网络条件。全面互联不仅需要光纤、微波等传统通信技术的支撑，也需要物联网、移动互联网、卫星通信、Wi-Fi等现代技术的应用。

第三，深度整合。深度整合是智能应用的基本要求，不仅包括气象、水文、农业、海洋、市政等多部门，太空、天空、地面、地下等全要素监测信息等数据和业务的整合，还包括通过云计算技术等实现基础设施整合，关键是让分散的基础设施、数据和应用形成合力。

第四，广泛共享。广泛共享是智慧水利实现管理与服务高效便捷的关键，通过各类数据的全参与、全交换，实现对感知数据的共用、复用和再生，为随需、随想的应用提供丰富的数据支撑。广泛共享既需要行业内不同专业数据的共享，也需要相关行业不同种类数据的共享，丰富数据源，为大数据技术的应用提供支撑。

第五，智能应用。智能应用是智慧水利的"智慧"体现，关键在于对新型识别、大数据、云计算、物联网、人工智能、移动互联网等新技术的运用，对各类调控、管理对象和服务对象的行为现象进行识别、模拟、预测预判与快速响应，推动水行政主管部门监管更高效，水利行业管理更精准，调度运行更科学，应急处置更快捷，便民服务更友好。

第六，泛在服务。泛在服务是智慧水利的重要落脚点，将智能系统的建设成果形成服务能力和产品，关键是人性化、便捷化、个性化。水利行业的泛在服务在面向公众服务方面，应用的重点是要求便捷易用；在面向政府管理方面，提供服务的应用重点是要求决策支持。

三、发展"智慧水利"的必要性

(一) 河流监测数据缺乏统一管理

对水资源的规划和开发往往是分部门进行，各单位和行业存在重复监测状况，缺乏信息和资源共享，从而影响监测的效率和质量。因此，进行统一完善的数据管理工作，实现数据共享，是水利工作现代化、科技化的必然要求。

(二) 水文监测效率低

在水文环境监测中，及时、快速地开展河流生态环境的可持续发展研究是非常必要的。但目前中国主要的水文环境监测方法是利用水文站网系统，该系统存在监测效率低的弱点，无法满足河流生态环境监测需求。

(三) 缺乏健全的河流卫星影像监测与信息服务平台

由于中国各大流域缺乏各种前期基础工作，水资源环境的动态监测体系尚未建立，建立健全的水资源环境卫星影像监测体系迫在眉睫。

(四) 缺乏系统的河流监测技术与信息服务指标体系

河流监测涉及生态环境卫星影像监测、湿地变化监测、水环境卫星影像监测、涉水灾害等方面，不同类型的监测缺乏统一规范的监测指标体系，缺乏实用化监测方法和流程。因而建立系统的信息化与卫星影像监测技术指标体系，对于卫星影像监测具有重要的指导意义。

（五）监测力度不够

国内重要河流一般都实施了水域功能区划、水环境监测以及自动监测，并对水污染总量进行了控制，但是一些流域开展的基础研究工作明显不足，导致缺乏全面、准确的技术资料，难以为水污染防治提供科学的依据，许多重要的断面没有得到监测，远远不能满足水环境保护的需求。

四、"智慧水利"系统框架

（一）感知层

感知层是"智慧水利"的基础。它主要是通过视频、监测站、卫星影像等途径获取河流空间数据，对各河流交汇处、水坝、泵站、水闸、排污口、险工险段等进行监测，实时采集水质、水位、流量、流速和水情、雨情、灾情等数据信息，实现水利信息的全面接入，能够及时为水利工作者提供第一手信息。

（二）传输层

传输层是为信息采集与更新提供数据传输的通道。主要是利用有线网络、无线网络、电信运营商的移动通信网、地面基站等方式进行数据的传输。

（三）数据层

数据层主要是构建水利公用数据库等，用以存储水文数据等信息。水利数据中心是实现水利基础信息共享储存和综合服务的重要信息基础设施，是水利信息资源综合开发利用的基础，是水利信息化建设和发展的核心项目。数据中心不仅仅是一个数据集合，更是一个信息和服务的集合。数据的来源多种多样，数据中心对采集到的数据进行数据整理、校验、编排调度等预处理，处理后的数据上传至储存总线，进行数据统一存储。

（四）平台层

平台层是"智慧水利"的核心，云计算平台将资源进行整合，为应用层各系统提供显示工具集、分析工具集和业务工具集。应用支撑平台是构筑整个水利业务应用系统的统一支撑平台，介于水利数据中心和业务系统应用之间，是连接基础设施和应用系统的桥梁，实现资源的有效共享和应用系统的互相联通。

(五) 应用层

应用层由多个系统组成，如防汛抗旱调度智慧系统、河长制移动应用系统、水资源监管管理系统、综合视频监控、卫星影像水利综合应用系统等。可以分为两个方面。一方面为自动回应，针对不同的数据信息，提前在系统中做出各种应对措施，一旦达到某种限值，系统会立刻发出警报，向平台发出请求，平台将会在最短的时间内做出最合理的解决措施。如汛期连续降雨导致河流水位上升，当达到汛限水位时，平台会自动向工作人员发出预警，并及时启动相关应急措施。另一方面是根据不同用户的不同要求，对各种信息和数据进行分析与处理，为工作人员提供决策依据。如在水质监测过程中，一旦发现水质不达标，会分析出水中各种相关物质含量，找出不达标的原因，为工作人员解决问题提供依据。

五、"智慧水利"产生的影响

首先，提高了水利工作者的工作效率。过去，水利工作者为了测得河流水质、流量、水位等数据，只能通过实地测量获得，工作繁杂，且耗时较长，致使一些工作不能及时开展。而"智慧水利"这一理念提出后，通过高新技术的应用，实现了采集数据智能化，数据处理便捷化，更加灵活、迅速、正确地向需求者提供相关信息，并提出解决措施，大大提高了工作效率。其次，为人民群众的生活质量提供了保障。如在汛期，及时、准确地向水利主管部门反馈降雨量、水位等重要数据，使领导能及时做出决策，实施相应的应急措施，尽最大可能保障人民群众的生命财产安全。最后，推动了创新型国家的建设。党的十九大报告中强调要建设数字中国、智慧社会，把智慧社会作为建设创新型国家的重要内容，"智慧水利"作为其中的重要内容，持续推进"智慧水利"的发展，为建设创新型国家做出了重要贡献。

"智慧水利"既是水利行业迈向水利现代化的重要组成，也是反映水利现代化水平的重要标志，还是实现最严格水资源管理、水土流域保护、水工程科学高效管理的基础，更是建设创新型国家的重要手段。必须通过加大财政投入、提供政策支持、实现技术支撑、优化管理方式等具体措施，全方位地提升水利部门社会服务的水平和日常工作的效率，继续深入推进"智慧水利"建设，在智能灌溉、水质监测、工程远程控制、业务监管、工程管理等水利工作各领域应用高新技术。建立标准和规范，通过数据中心的收集和交换，整合现有资源，在现有系统间开辟数据通道，同时，为远期扩展预留余地，最终实现"数据平台统一，业务平台统一，交互平台统一"的"智慧水利"建设目标。

第四节 "智慧水利"的发展和技术研究

城市的发展和信息技术水平的提升促进了"智慧水利"的产生，体现城市水资源管理现代化水平的标志之一是"智慧水利"，给国计民生提供了重要保障。"智慧水利"的有效实施有助于推进水利系统的信息化建设和提高水利信息化水平，实现水资源的有效管理和合理配置。

一、"智慧水利"产生的背景

彭明盛首次提出"智慧地球"的概念，提出了加强智慧型基础设施建设。"智慧地球"又称为"智能地球"，首先将感应器嵌入电网、铁路、桥梁、供水系统等各种基础设施中，其次将其连接好，推动了"物联网"的形成。另外，将"物联网"与已有的互联网进行优化整合，有助于人类社会与物理系统之间相互联系和整合。在"物联网"与现有互联网的整合过程中，需要强大的中心计算机集群，这样有助于对整合网络内的工作人员、设备和基础设施实施有效的管理与控制。在全球信息化的新形势下，人们开始对"智慧水利"有所了解和关注。全球气候变化和人类大肆破坏生态环境导致自然灾害频繁出现，比如，常见的洪涝灾害、干旱缺水、水资源污染等，比较严重的灾害有山体滑坡、泥石流等，这些自然灾害会威胁到人类的人身安全。为了防治这些自然灾害，中国水利工作者借鉴"智慧地球"的理念提出了"智慧水利"的概念，"智慧水利"是将"物联网"与现有的互联网结合所形成的"水联网"，有助于促进水利信息化水平的提升。

二、"智慧水利"的成就

(一) 概述

近年来，全国水利系统深入贯彻落实中央"四化同步"的战略部署，按照水利部党组提出的"以水利信息化带动水利现代化"的总体要求，紧紧围绕水利中心工作，全面推进水利信息化建设，有序实施了"金水工程"，有力支撑了各项水利工作，全国水利信息化取得显著成效，为水利信息化转型迈入"智慧水利"新阶段奠定了良好基础。

1. 规划与技术体系渐趋完善

水利信息化发展五年规划是全国水利改革发展五年规划重要的专项规划之一，均对全国的水利信息化统筹规划。在顶层设计架构下，通过完善水利信息化标准体系，解决技术层面的共享协同问题；通过制定项目建设与管理办法，解决共享协同的机制体制问题。此外，还出台了防汛抗旱、水资源管理、水土保持、水利电子政务、水利数据中心等方面的建设技术要求，指导各层级项目建设，解决不同层级间的共享协同问题。以上措施对促进互联互通、资源共享、业务协同发挥了重要作用。

2. 信息基础设施不断增强

通过国家防汛抗旱指挥系统、国家水资源监控能力等重点工程建设，水利信息化基础设施初具规模。

3. 业务应用全面推进

在水利信息化重点工程的带动下，业务应用从办公自动化、洪水、干旱、水资源管理等重点领域向全面支撑推进。国家防汛抗旱指挥系统二期主体工程基本完成，构建了覆盖我国大江大河、主要支流和重点防洪区的信息收集、预测预报、防洪调度体系与旱情信息上报体系。国家水资源监控能力建设基本完成，初步搭建了支撑最严格水资源管理的数据和软件框架。全国水土保持管理信息系统构建了由水利部水土保持监测中心、流域水土保持监测中心站、省级水土保持监测总站、地市级水土保持监测分站、水土保持监测点组成的监测体系以及支撑监测、监督、治理的业务应用系统。水利财务管理、河长制湖长制管理、农村水利管理、水利工程建设与管理、水利安全生产监督管理、生态环境保护等重要信息系统也先后得以推进。

4. 新技术与业务融合初见成效

水利部搭建了基础设施云，实现计算、存储资源的池化管理和按需弹性服务，有力支撑了国家防汛抗旱指挥系统、国家水资源监控能力建设、水利财务管理信息系统等项目建设。水利部太湖流域管理局利用水文、气象和卫星遥感等信息和模型对湖区水域岸线与蓝藻进行监测，提升了引江济太工程调度等工作的预判性。浙江省水利部门在舟山市应用大数据技术，通过公共通信部门提供的手机实时位置信息，及时掌握台风防御区的人员动态情况，结合气象部门的台风路径、影响范围等信息进行分析后，自动通过短信等方式最大范围地发布预警和提醒信息，为科学决策和有效指导人员避险、财产保护等提供了有力支撑。无锡市水利部门利用物联网技术，对太湖水质、蓝藻、湖泛等进行智能感知，实现了蓝藻打捞、运输车船智能调度，提升了太湖治理的科学水平。

5. 区域"智慧水利"先行先试积极探索

浙江省在台州市开展的智慧水务试点工作已初见成效，上海市实施了"互联网＋智能防汛"，江西省水利厅出台了江西省智慧水利建设行动计划，依托智慧抚河信息化工程等项目积极开展智慧水利建设，宁夏回族自治区水利厅启动了"互联网＋水利"行动。各地在河长制湖长制管理工作中综合运用移动互联网、云技术、大数据支撑河长湖长开展工作。传统业务与信息化深度融合不断加快。

（二）水利各项业务主要成就

1. 洪水防御

（1）业务方面。随着近些年的洪水防御工作开展与不断完善，已基本建成覆盖全国主要防洪区域的防汛指挥调度体系，能够对洪水预案、洪水风险图等相关信息进行电子化调用，实时汇集7个流域管理机构，31个省（自治区、直辖市）和新疆生产建设兵团的水雨情数据，实现了对洪水预测预报、洪水调度、应急抢险技术支撑等业务工作的信息化支撑。

洪水防御业务主要包括信息采集、预测预报、洪水调度、应急抢险技术支撑、公共服务等5项业务工作。

①信息采集。已建成覆盖7个流域管理机构，31个省（自治区、直辖市）及新疆生产建设兵团的水情分中心。截至2023年底，全国水文部门基本水文站、专用水文站、水位站、雨量站、蒸发站、墒情站、水质站、地下水站、实验站已经形成一定规模。

②预测预报。已重点完善水利部、7个流域管理机构及31个省（自治区、直辖市）预报。

③洪水调度。随着前期国家防汛抗旱指挥系统工程等项目建设和运行，重点对水利部和流域防洪调度进行优化、提高和完善，扩充防洪调度覆盖范围，调整和补充防洪调度河段，已初步建立七大流域防洪调度体系。

④应急抢险技术支撑。在前期工程建设的基础上，构建了7个流域管理机构应急抢险机动通信体系，为所辖流域片的工程抢险、防汛现场指挥提供通信保障，并结合洪水风险图、各地区防洪预案和防汛抢险的实际需求编制了避洪转移指导方案。根据新业务职能要求，与应急管理部协同开展洪水防御工作，建立洪水信息共享机制，支撑应急抢险等工作。

⑤公共服务。通过前期群测群防等山洪灾害防治体系的建设，实现了实时向社会发布水情预警信息的目标，近年来，每年通过短信、广播、网络、电视等媒体向社会发布预警信息1500多次，及时为社会公众提供水情预警信息服务，提高了社会公众防灾减灾意识及能力。

（2）系统方面。围绕洪水防御业务建设了国家防汛抗旱指挥系统、全国重点地区洪水风险图编制与管理应用系统、全国山洪灾害防治非工程措施监测预警系统、全国中小河流水文监测系统，以及其他洪水监测预报预警相关系统，建成了覆盖重要防洪地区和县级以上水利部门较完备的水情、雨情、工情、灾情采集体系，构建了主要江河湖库和重点断面的洪水预报体系，初步建立了七大流域和重点防洪区洪水调度体系，构建了省级以上应急抢险机动通信保障和避洪转移预案体系，实现了大江大河和主要支流水情预警信息的及时发布，为洪水预报调度防御各环节业务提供了较有力的数据和功能支撑。通过山洪灾害防治项目建设，统一进行了全国范围小流域划分，提取了基础属性，建立了全国统一的河流水系编码体系和拓扑关系，为精细化洪水预报预警打下了坚实的数据基础。

（3）数据方面。基于前期业务工作开展，洪水防御业务建设了较为完备的防洪基础数据体系，实现了重点防洪区和防洪工程及重大灾情信息的实时采集与汇集，业务管理数据基本实现了电子化，预测预报等业务实现了系统化管理。

2. 干旱防御

（1）业务方面。通过前期抗旱项目的建设，我国抗旱减灾应急管理水平有了较大提升，已基本实现中央、流域、省级干旱防御业务工作互联互通和信息共享，各级干旱防御业务部门能够及时掌握旱情发生、发展及抗旱进展信息，提高了各级各部门之间的应急联动和防灾减灾能力。

干旱防御业务主要包括信息采集、旱情综合分析评估、旱情预测与水量应急调度、重大旱灾防御及应急水量调度、公共服务等 5 项业务工作。

①信息采集。自 2013 年开始，水利部在已有信息采集的基础上补充旱情信息采集建设，根据旱情发生发展的需要，开展应急和补充监测，以加大采集点和采集密度，提高监测信息的准确度和科学性，已实现了旱情信息的采集与监视等业务。

②旱情综合分析评估。基于前期抗旱工作，可根据连续无雨日数、降水距平指数、标准化降水指数、河道径流量监测产品、水库蓄水量监测产品、土壤墒情分布监测产品等干旱指数形成气象、水文、农情干旱监测图及相关成果产品，为旱情综合分析评估提供支撑。

③旱情预测与水量应急调度。开展了对降水量、大江大河来水量等要素的预测，旱情预测工作仍不全面。

④重大旱灾防御及应急水量调度。根据新业务职能要求，正与应急管理部协同开展重要旱灾防御工作，建立重大旱情信息共享机制，支撑重大旱灾救援、抗旱应急调水等工作。

⑤公共服务。已向社会公众发布旱情预警。

（2）系统方面。干旱防御业务通过国家防汛抗旱指挥系统工程初步建设了旱情信息采集系统、数据汇集平台、抗旱业务应用系统等信息系统，初步构建了以县级以上水行政主管部门旱情统计报送为主和雨情、水情以及重点地区土壤墒情监测为补充的旱情监测体系，既为抗旱工作提供了基本数据支撑，也为后续干旱防御业务应用系统建设积累了宝贵经验。

（3）数据方面。基于前期业务工作开展，干旱防御业务收集了部分重要干旱灾害防御基础数据，初步构建了旱情监测和统计数据上报体系。

3. 水利工程安全运行

（1）业务方面。通过前期水利工程安全运行业务工作开展，基本保障了水库大坝、农村水电站安全和工程运行，同时，由对应的水利工程管理单位、各级水行政主管部门及其技术支撑机构等建立了水闸、堤防管理组织体系。

水利工程安全运行业务主要包括水库、水闸、堤防等水利工程运行管理、水利工程管理体制改革、水利工程运行管理督查考核、农村水电站管理等4项业务工作。

①水库、水闸、堤防等水利工程运行管理。水利工程运行管理主要包括落实责任制、注册登记、安全鉴定与评价、工程划界、除险加固、降等报废、应急管理、年度报告、巡视检查、监测预警、调度运用等方面工作。法规和标准体系在逐步完善，安全管理逐步规范，安全责任制不断落实，安全状况明显提高。

②水利工程管理体制改革。从2002年开始，全国范围内启动实施水利工程管理体制改革。国有水库管理体制和良性运行机制率先建立，大多数落实了两项经费。截至目前，基本扭转了小型水利工程管理体制机制不健全的局面，建立产权明晰、责任明确的工程管理体制，建立社会化、专业化的多种工程管护模式，建立制度健全、管护规范的工程运行机制，建立稳定可靠、使用高效的工程管护经费保障机制，建立奖惩分明、科学考核的工程管理监督机制。

③水利工程运行管理督查考核。为进一步推进水利工程管理规范化、法制化、现代化建设，建立了水利工程管理督查考核制度，考核水利工程管理单位的组织管理、安全管理、运行管理和经济管理工作。近年来，还组织开展了多次专项检查。

④农村水电站管理。农村水电站管理工作主要包括落实安全监管和生产责任制，安全生产标准化达标评级管理和监督、隐患排查治理、应急管理等。同时，通过督导检查、安全隐患排查、督促整改落实等措施，强化安全

生产和体制机制建立，有效保障农村水电工程良性运行及效益有效发挥。农村水电站已落实监管责任主体和生产责任主体，正在进一步落实水电站水库防汛行政、技术、巡查"三个责任人"。全国共有2500多座电站完成了安全生产标准化达标评级。通过增效扩容改造工程对全国数千座老旧病险电站实施改造：改善农村水电运行工况；规范农村水电运行管理，落实各项规章制度，强化风险管控；推进管理体制改革，建立良性运行机制。

（2）系统方面。水利工程安全运行业务建设了水利工程运行管理系统、全国水库大坝基础数据管理信息系统、全国农村水电统计信息管理系统、部分工程管理单位和区域水利管理部门相关管理系统，正在建设全国大型水库大坝安全监测监督平台，水库、水闸、堤防、农村水电站的督查整改、隐患排查、管理考核等日常监管和安全鉴定、工程划界、除险加固、降等报废等安全管理以文档式分散管理为主，水库、水闸的注册登记初步实现了在线统一管理，农村水电站实现了基础数据和生产经营主要指标的统一管理，各类水利工程运行维护工作主要由各水管单位分散开展，为水利工程安全运行提供了基础数据支撑和少数业务的信息管理等功能支撑。

（3）数据方面。基于前期业务工作开展，水利工程安全运行业务掌握了水利工程基础数据，通过统计年鉴等掌握了部分新增工程主要基础数据，部分大中型重点水利工程建设了水情或工程安全监测设施，建设了水库主要管理业务的数据。

4. 水利工程建设

（1）业务方面。随着前期水利工程建设业务工作开展，逐步实现水利项目建设管理层面的项目全生命周期管理，提升了水利工程建设管理的能力。

水利工程建设业务主要包括水利建设项目管理和市场监管两项业务工作。

①水利建设项目管理。水利工程建设一般分为规划、立项（包括项目建议书及可行性研究报告）、施工准备、初步设计、建设实施、生产准备、竣工验收、后评价等阶段。水利工程建设全过程形成的数据丰富，围绕项目建设，市场主体和监管主体各司其职。

②市场监管。水利工程市场监管主要依托水利工程项目管理，建立水利建设市场信用体系和对水利建设市场监督管理。水利部涉及市场监管内容包括资质审批与资格注册管理、水利建设市场信用评价、招标投标管理、

质量管理、监督检查等。各省（自治区、直辖市）涉及市场监管内容包括资质与资格审批、水利建设市场信用评价、招标投标管理、质量管理、监督检查等。

（2）系统方面。水利工程建设业务建设了水利规划计划管理信息系统、全国中小河流治理项目信息管理系统、水利建设与管理信息系统、全国水利建设市场监管服务平台、水利安全生产监管信息系统，对国家审批的水利规划、国家审查审批的水利项目前期工作、国家下达的投资计划、水利建设市场主体及信用信息等业务实现了信息集中管理，水利行业管理一定规模以上在建和已建水利工程建立了事故信息与隐患信息上报机制，为水利工程建设前期和安全运行提供了数据基础，并为管理决策提供了重要依据。

（3）数据方面。基于前期业务工作开展，水利工程建设业务建设了大量基础数据，不同形式的施工监测生成了大量数据，计划和市场信用数据初步实现了统一管理，各单位积累了大量工程建设管理数据。

三、"智慧水利"的发展

"智慧水利"建设是全国性的问题，水利行业是中国基础产业，需要优先发现并实现可持续发展，从而有利于保障国民经济建设。"智慧水利"建设应在国家、水利部门的统一规划、统一领导的前提下进行联合建设，遵循"智慧水利"建设的基本方针，实现水利信息共享，推动水利事业的发展和水利建设技术的优化，促进中国社会经济建设和公共服务水平。"智慧水利"的建设要适应社会经济基础建设和基础产业的地位。构建统一、协调的水利工程管理机制，加强水资源保护工作，对各区域的防洪、排涝、供水、水土保持、地下水回灌等实施有效的规划和管理。在对"智慧水利"建设进行规划时，要结合当地实际需求，还要考虑到长期发展的目标。提高"智慧水利"建设项目的服务水平，重视水资源保护，通过利用已有资源，循序渐进地完善水资源管理体系。"智慧水利"建设中结合现代信息技术的合理应用，保证水利工程的正常和稳定运行。利用现有的信息资源，将其进行优化整合，建立共建共享机制，实现信息资源共享，不断提高工作人员的专业水平和综合素质，加强专业人员队伍建设，推进水利事业的可持续发展。

四、"智慧水利"的关键技术

(一) 智能感知技术

利用各种先进灵敏的信息传感设备和系统，如无线传感器网络、射频标签阅读装置等，对系统所需的洪水、干旱、水利工程等各类信息进行实时监测、采集和分析。如应用射频识别技术，通过对流域中的水工建筑物、水文测站、量测设备等装备射频标签，能够自动获取水工建筑物的特征数据和水文测站信息。无线传感器网络通过装备和嵌入流域中各类集成化的微型传感器实时监测、感知和采集各种流域环境或监测对象信息，然后将这些信息以无线方式发送出去，以多跳自组的网络方式传送到用户端，实现物理流域、计算流域和人类社会三元世界的连通。智能感知技术是感知自然循环和社会循环过程水情信息的重要组成部分。

(二) "3S" 技术与三维可视化

"3S" 技术是遥感技术 (remote sensing, RS)、地理信息系统 (geographical information system, GIS) 和全球定位系统 (global position system, GPS) 的统称，是利用遥感、空间地理信息、卫星定位与导航，以及通信网络等技术，实现对空间信息采集、分析、传输和应用的一项现代信息技术。随着 "3S" 技术的不断发展，将遥感、全球卫星定位系统和地理信息系统紧密结合起来的 "3S" 一体化技术已显示出更为广阔的应用前景。智慧水利系统设计对现有水利技术进行了延伸，将 RS、GIS、GPS 3 种技术集成，构成一个强大的技术体系，并且加入三维分析和可视化技术，更加直观准确地实现对各种水利工程空间信息和环境信息的快速、准确、可靠地收集、处理与更新，为防汛抗旱、水资源调度管理决策、水质监测与评价、水土保持监测与管理等业务系统提供决策支持。

(三) 云计算与云存储技术

云计算 (cloud computing) 通过虚拟化、分布式处理和宽带网络等技术，使互联网资源可以随时切换到所需的应用上，用户可以参照"即插即用"的方式，根据个人需求访问计算机和存储系统，实现所需操作。其强大的计算能力可以模拟水资源调度、预测气候变化和发展趋势等。云计算的应用会使任何大尺度和高精度的实时模拟计算成为可能。通过云计算，将流域或河流模拟程序拆分成无数个较小的子程序，通过网络交换由分布式计算机组成的庞大系统搜索、计算分析之后将处理结果回传给用户，这样对局部河段或者流域干流高精度的三维模拟从理想变成现实。现有的多数"半分布式"系列模型将向"完全分布式"系列模型转变，其中，对水循环过程的模拟是采用二维或者三维水动力学及其伴生过程模型。云存储是在云计算基础上延伸和发展的一个新概念，是以数据存储和管理为核心的云计算系统。通过云存储技术，流域中海量的原型观测、实验数据和数学模型计算的历史数据与实时数据以及流域管理的自然、社会、经济等数据的存储将不再受制于硬盘空间。

(四) 物联网技术

物联网 (internet of things, IOT) 是互联网、传统电信网等信息承载体，能够在一切具有独立功能的普通物体之间实现互联互通、资源共享的网络，就是物物相连的互联网。物联网具有基于标准的操作通信协议的自组织能力，其中，物理的和虚拟的"物"具有身份标识、物理属性、虚拟的特性和智能的接口，与信息网络无缝整合。在流域中的主要应用就是将感应器嵌入并装备到水质监测断面、供水系统、输水系统、用水系统、排水系统、大坝、水文测站等各种水利工程或设施中，通过互联网连接起来，形成所谓的"流域物联网"。

(五) 大数据分析技术

大数据 (big data) 是指无法用现有的软件工具提取、存储、搜索、共享、分析和处理的海量的、复杂的数据集合。大数据具有数据体量巨大，数据类型繁多 (结构化和非结构化的)、价值密度低 (海量信息中有价值的信息可能很少) 和更新速度快的特征。

大数据分析技术是指对大量的、多种类的和来源复杂的数据进行高速捕捉、发现和分析，用经济的方法提取其价值的技术体系或技术架构。

"智慧水利"建设必须充分整合现有资源和外部资源，结合新技术和新数据，面向协同互通，创造新应用，而非一切推倒重来。数据资源要打破现有资源的部门分割、地域分割、业务分割，加强数据共享开放原则、协议、数据标准、交换接口、质量标准、可用性、互操作性等方面相应标准规范的制定，推动资源从分散使用向共享利用转变，逐步实现国家水行政主管部门、水利行业、全国涉水部门之间的数据资源共享，利用各种大数据分析和处理技术最大限度挖掘与发挥数据资源的价值，分析各业务数据之间的互联关系，提出重要的信息和知识，再转化为有用的模型，以增加应用的预判力和针对性，使业务应用具有更强的决策力、洞察发现力和流程优化的能力。

（六）建筑信息模型技术

建筑信息模型（building information modeling，BIM）是以建筑工程项目的各项相关信息数据作为基础，建立起三维的建筑模型，通过数字信息仿真模拟建筑物所具有的真实信息。BIM作为全开放的可视化多维数据库，是"智慧水利"极佳的基础数据平台，可保证数据随时、随地、随需应用。

（七）人工智能技术

人工智能（artificial intelligence，AI）是研究、开发用于模拟、延伸和扩展人的智能的理论、方法、技术及应用系统的一门新的技术科学，具有自学习、推理、判断和自适应能力。AI技术借助计算机信息技术和通信技术，模拟人的听觉、视觉及嗅觉，进行信息判断和处理。在科技水平逐渐提升的同时，以机器人、语言及图像识别系统、诊断专家等为代表的人工智能技术得到了迅猛的发展。各项系统发展中的技术含量不断增加，同时也更加具有个性化的实用价值。从技术事实来看，人工智能已经发展得比人脑更为系统，能够处理非常复杂的系统逻辑关系，在水利设施的建设、运行、检测、维修等过程中发挥着关键作用。

（八）虚拟现实技术

虚拟现实（virtual reality，VR）技术通过借助计算机及传感器技术，开创了崭新的人机交互手段，是一种体现虚拟世界的仿真系统。依托VR技术可以构建出虚拟的水利环境，实现水数据的信息化、智能化、可视化，是一种综合性的高科技技术。

(九) 边缘计算

边缘计算是将计算任务在接近数据源的计算资源上运行，可以有效降低计算系统的延迟，减少数据传输带宽，缓解云计算中心压力，提高可用性，并能够保护数据安全和隐私。

随着万物互联的飞速发展及广泛应用，边缘设备正在从以数据消费者为主的单一角色转变为兼顾数据生产者和数据消费者的双重角色，同时，网络边缘设备逐渐具有利用收集的实时数据进行模式识别、执行预测分析或优化、智能处理等功能。大数据处理已经从以云计算为中心的集中式处理时代正式跨入以万物互联为核心的边缘计算时代。集中式大数据处理时代，更多的是集中式存储和处理大数据，其采取的方式是建造云计算中心，并利用云计算中心超强的计算能力集中式解决计算和存储问题。相比而言，在边缘式大数据处理时代，网络边缘设备会产生海量实时数据；并且这些边缘设备将部署支持实时数据处理的边缘计算平台，为用户提供大量服务或功能接口，用户可通过调用这些接口获取所需边缘计算服务。在边缘计算模型中，网络边缘设备已经具有足够的计算能力，以实现源数据的本地处理，并将结果发送给云计算中心。边缘计算模型不仅可降低数据传输带宽，还能较好地保护隐私数据，降低终端敏感数据隐私泄露的风险。因此，随着万物互联的发展，边缘计算模型将成为新兴万物互联应用的支撑平台。

(十) 网络安全技术

网络安全技术致力于解决诸如如何有效进行介入控制，以及如何保证数据传输的安全性的技术手段，主要包括物理安全分析技术、网络结构安全分析技术、系统安全分析技术、管理安全分析技术及其他的安全服务和安全机制策略等问题。

"智慧水利"中含有大量的信息系统和控制系统，属于国家关键信息基础设施定义的范畴。水利关键信息基础设施在数据采集、数据传输、数据存储、应用系统、基础环境及系统互联等各层面，面临着来自内部和外部网络的非授权访问、数据窃取、恶意代码攻击、数据丢失等现实威胁，为保障水利关键信息基础设施的网络安全，利用各种先进的网络安全技术，提高网络安全监测预警及对重大网络安全事件的快速发现和应急处置能力，是保障"智慧水利"安全运行的重要手段。

（十一）视频识别技术

尽管视频监控技术在水利行业已得到广泛应用，但监视和识别的人工依赖程度还比较高，随着视频接入量增加，尤其是全国水利视频监测点实现统一汇聚，数据量成倍增长，采用视频识别技术实现自动化监视和报警势在必行。

视频识别技术是基于计算机视觉的视频内容理解技术。原始视频图像经过背景建模、目标监测与识别、目标跟踪等一系列算法分析，识别视频流中的文字、数值、图像和目标，按照预先设定的预警规则，及时发出报警信号，使视频监控系统实现全天候全自动实时监视和分析报警，将以往的事后分析变成事中分析和实时报警。

视频识别技术结合热成像、可见光等智能摄像机，能自动识别水位、流速、流量、水体颜色等水文水质要素信息，以及水面漂浮物、非法采砂、水域岸线侵占、河岸垃圾倾倒、闸门开启、施工区域安全行为等事件信息。可在防汛抗旱、河湖管理、水利工程建设与运行管理等方面发挥重要作用，增强"主动发现"的能力，提升精细化管理的水平。

第二章 水利信息化的信息技术

第一节 水利信息数字化技术

一、数字化技术概述

数字化技术能实现内外作业一体化，而传统测量经常需要工作人员到实地进行详细的测量，收集完整的资料后再开始进行图形等的绘制，这样不仅降低了工作效率，且劳动强度大，而数字化技术实现内外作业一体化，提高工作效率，减少误差，运用数字化技术实现自动成图，劳动强度低。另外，作为最广泛的新技术之一——数字化技术具有优良的储存功能，测绘人员可将绘制的图纸存储在软盘中，永久保存，出现相关变化时调用出来进行修改，不仅减少图纸的浪费，也无须重新绘图，减少劳动量。

二、水利信息化各层次涉及的关键信息技术

信息化系统实施分成3个阶段，即初步信息化阶段、基本信息化阶段和信息化阶段。相应的3个层次是数据支撑层、信息服务层和决策支持层，对应的3个任务是数据支撑环境建设、信息服务平台建设和决策支持服务系统建设。

在数据支撑层，关键是信息采集、数据汇集、数据存储与在线事务处理。重点是基础数据环境建设，目的是使数据极大丰富，实现数据共享。"数字化"是本层次的主要标志。数据支撑层使用的主要技术有数据自动采集技术、"3S"技术、网络技术、数据库技术、分布式空间数据库等。

在信息服务层，关键是数据的整合、同化和在线分析。重点是信息服务平台建设，目的是使信息充分整合，实现信息服务。"集成化"是本层次的主要标志。信息服务层使用的主要技术有数据仓库和联机分析处理技术等。

在决策支持层，关键是知识发现与应用。重点是决策支持服务系统建

设，目的是使知识高度精练，实现决策支持服务。"知识化"是本层次的主要标志。决策支持层使用的主要技术是数据挖掘技术、人工智能技术、决策支持技术等。

在应用系统实施中，应充分保证系统的开放性和可扩充性，并使所开发的系统具有平台无关性，即很容易从一个平台移植到另一个平台。应用系统实施涉及的关键技术主要是分布式对象技术（如构件技术）。

为了使系统直观易用，每层都需要有相应的可视化技术进行支撑，常用的有多维 GIS 和 WebGIS 等。

二、数字化技术

数字化技术领域关键技术主要包括数字信号处理技术、数字压缩技术、数字存贮技术及数字音/视频处理技术等。

(一) 数字信号处理技术

数字信号处理（digital signal processing，DSP）技术是数字化技术中的核心技术，是近年来成效最为显著、获得应用最快、在高新技术领域中占有重要地位的新兴技术学科，已广泛应用于音视频处理、通信、工业控制、航空航天、生物医药、自动化仪器仪表等众多领域。

目前 DSP 产品范围已十分广泛，主要可分为两大类：特性化可编程类 DSP 器件和"硅算法"类 DSP 器件。

特性化可编程类 DSP 器件适用于各类算法的信号处理，编程比较复杂，但具有极大灵活性，当进行功能不完全确定的电路设计时，可选用这类器件。

"硅算法"类 DSP 器件的特性在于没有太多指令，而把功能赋予硬件系统。相应地，编程简单，但灵活性受到限制，只能完成一种或几种专门的信号处理运算，现在已推出专门用于 FFT（快速传输傅里叶变换）、滤波、卷积、相关等专用芯片。

(二) 数字压缩技术

数字化后的音频和视频信号数据率太高（其他信息数字化后的情况与此类似），传输和存储都较为困难，尤其是视频信号的数字化，一直是数字技术中的难题，这一难题由于压缩技术的突破而获得解决。

压缩技术可以检测并消除数字信号中的冗余度，使压缩后的音频和视频的传输与存储性能大大提高，从而开拓了新的广阔的应用领域。

音频压缩包括语音和音乐两种信号。语音信号目前最好的技术可压缩约8倍，数据率降为8Kbps，仍保持原语音质量，采用的压缩编码有CELPC、MPLPC等。音乐信号目前已实现压缩7倍，主观音质没有下降，采用的压缩编码有"MUSICAM"及AC-3、AC-2系统。其中，"MUSICAM"对每个声道速率可压缩至96K~192Kbps，有很好的音质，AC-3系统在128Kbps速率时也获得高质量音乐效果。

视频的压缩是数字视频技术的关键，存储1秒钟运动视频图像就需30MB内存，因此，没有压缩技术，就不会有数字视频的出现和应用。视频压缩方法很多，但总体上可分为两大类：无失真压缩和有失真压缩。无失真压缩编码包括Huffman编码、算术编码、行程编码，有失真压缩编码包括预测编码、插值外推以及量化等。

静止图像压缩技术主要是对空间冗余信息进行压缩，而对动态图像来说，除对空间冗余信息进行压缩外，还要对时间冗余信息进行压缩。目前已形成3种压缩标准。

（1）JPEG（Joint Photographic Experts Group）标准：用于连续色调、多级灰度、彩色/单色静止图像压缩。

（2）H.261标准：主要适用于视频电话和视频电视会议。

（3）MPEG（Moving Picture Expert Group）标准：主要是针对动态图像压缩，已推出的有MPEG-1、MPEG-2、MPEG-4，在制定之中的有MPEG-7，其中，MPEG-1用于传输1.5Mbps数据传输率的数字存储媒体运动图像及其伴音的编码，经过MPEG-1标准压缩后，视频数据压缩率为1/100~1/200，音频压缩率为1/6.5；MPEG-2主要针对高清晰度电视（HDTV）的需要，传输速率为10Mbps，与MPEG-1兼容，适用于1.5~60Mbps甚至更高的编码范围；MPEG-4标准是超低码率运动图像和语言的压缩标准，计划用于传输速率低于64Mbps的实时图像传输，目前准备把这一标准扩展，不仅覆盖低频带，也向高频带发展。MPEG-7标准的目标是为各种多媒体描述提供手段，以支持多媒体信息的检索。

（三）数字存贮技术

目前，数字存贮技术有磁存贮技术、光盘存贮技术和半导体存贮技术3种，它们各有所长，三足鼎立的局面将持续相当长的时间。

作为计算机重要储存器件之一的硬磁盘（hard disk，HDD），面密度也在逐年增加，目前市场上常用的面密度高达144Gb每平方英寸。

在光盘存储系统中，除数字音频存贮媒体CD、DAT(数字录音带)、MD(小型磁光盘)外，又出现了VCD、CD-ROM这样的数字视频存贮媒体。如今还出现了大容量、高画质和高音质的DVD存贮媒体，现已推出单面单层、单面双层、双面单层、双面双层4种记录密度，其单面单层容量为4.7GB(12cm盘)，而双面双层可达17GB（12cm盘）。MO（光磁盘）作为DVD下一代产品也在研究开发之中。

半导体存储芯片以其体积小，功耗低，数据传输率快的特点而得到广泛应用。目前主要有IC卡、EEPROM（电可擦除或可编程只读存储器）或FLASH存储器及USB接口的可移动数据存储卡。

今后IC卡发展方向是智能卡，智能卡中的CPU将具有Pentium的处理能力。随着DRAM、EEPROM、FLASH技术的进展，IC卡的存储容量提高10倍甚至更高是完全可能的。其应用的深度和广度将进一步扩展。

半导体存储器的发展方向是大容量、超高速、自动切换盘（卡），既可处理数据，又可处理图形图像的仿真大型磁盘驱动器以及盘阵列的系统装置。

（四）数字音/视频处理技术

数字音/视频处理技术可以大大提高传输和存储性能、图像的清晰度和质量以及交互功能，这些都是模拟视频无法做到的。因此，目前模拟视频正逐步被数字视频所取代，而发展最为迅速的两大视频产品是亚洲的VCD和美国的DSS（数字卫星系统）。

第二节 水利信息采集技术

一、关于信息采集的原则

在一定程度上，为了确保信息系统的功效，要先根据水利行业的实际情况和特点进行信息采集的原则如下。

(一) 可靠性的原则

可靠性的原则一般是指在采集信息的时候，真实对象或者是环境所产生的，这样就要保证信息的来源是可靠的，是要反映出真实情况的，可靠性是信息采集的基础。

(二) 完整性的原则

完整性的原则就是指在采集信息的内容上必须完整无缺，要按照规定的标准要求，采集出反映水利水电工程和水利事业单位全貌的信息，完整性是信息利用的基础。

(三) 实时性的原则

实时性的原则就是指采集所需的信息，最快的是信息采集与信息发生同步，安全隐患和安全生产事故信息的采集，这样一来对时间的要求是比较严格的，实时性是保证信息采集的适时有效。

(四) 准确性的原则

准确性的原则就是指采集信息与应用的目标和工作需求联系比较密切，信息表达准确无误，这样属于采集目的范畴之内或者是具有适应性。有价值的信息，准确性就是保证信息采集的应用价值。

(五) 易用性的原则

易用性的原则是指采集信息要按照水利部统一规定的表示形式进行，并利用各级从事水利安全生产监督管理人员的记录。

二、关于信息采集的对象

水利安全生产信息化是信息采集的对象所包括的水利行政，企业事业单位和各类规模以上的水利水电工程的基本工程，上述单位和工程中所存在安全生产事故隐患，安全生产事故发生的情况，可以划分为两大类，具体如下。

(一) 单位类

(1) 行政管理单位，包括省、市、县各类水利行政主管部门。
(2) 事业单位，包括各级、各类水利行业的事业单位。
(3) 企业单位，包括各级水利行业主管部门和事业单位所属的从事水利水电生产经营的企业。

(二) 工程类

水利水电工程数量是比较多的，类型复杂，工程规模差异比较大，安全生产信息采集要按实用性的原则进行，采集与安全生产关系联系度是比较大的，具有一定的规模工程信息，主要采集对象应包括的东西是比较多的，如水库工程、水电站工程、水闸工程、泵站工程、堤防工程等设施。

三、信息采集的内容

在信息采集的内容中要紧紧围绕安全生产监督管理，一般在这种情况下，可以分为以下内容。

(一) 基本情况的信息

在采集工程或者是单位的基本情况信息主要包括所属单位、工程名称、工程位置、工程类别、工程规模、工程状况等方面的设施。

(二) 安全生产事故隐患的信息

采集安全生产隐患信息包括隐患名称、排查日期、排查单位、隐患简述、隐患整改措施、隐患整改进展和完成的情况，采集隐患信息要按照国家有关的规定，确认是一般事故隐患还是重大事故隐患。

(三) 安全生产事故隐患

采集安全生产事故信息包括发生安全生产事故单位名称、单位类型、事故类别、事故级别、发生的时间以及伤亡人数等情况。

(四) 信息采集的途径、方法

1. 信息采集的途径

水利安全生产信息采集的途径主要是通过内部途径展示的：首先，各级水利主管部门；其次，各级水利行业行政主管部门所属的企业事业单位和建筑工程的管理单位。

2. 信息采集的方法

根据安全生产信息采集的可靠性、完整性以及准确性的原则，采集安全生产信息的主要方法：查阅档案、文件，如各类工程的数据、规模，要查阅相关的水利资料，以此实现对隐患的排查。

四、自动采集技术

自动采集技术是指能有效扩展人类感觉感官的感知域、灵敏度、分辨率和作用范围的技术，包括传感、测量、识别和遥感遥测技术等。

目前，全国县级以上水利部门累计配置各类卫星设备3018台(套)，利用北斗卫星短文传输报汛站8015个，全国省级以上水利部门各类信息采集点近43万处，采集要素覆盖雨情、水情、工情、旱情、灾情、水质、水保、地下水、供水、排水等，对生态、海潮、风情等要素的监测也取得很大进展。体现信息化水平的非接触式采集设备大量使用，无人值守站点逐步推广，监测方式不断创新，信息采集的精确性、时效性和工程监控的自动化水平显著提高。

同时，视频监控技术得到广泛应用。在信息采集方式方面，水利部利用新一代天气雷达监测网，能快速获得降雨预报信息。长江委长江河道采砂管理远程可视化实时监控系统利用现代传感技术，对省际边界重点河段实现远程、实时、可视化监控，并通过远程监控与日常巡逻有机结合，提高监管和执法的准确性与有效性。广东省采用具有国际先进水平的测量系统测量重点水体水下地形，该系统集成了现代空间测控技术、声呐技术、信息处理技术，具有高效率、高精度和高分辨率的水下地形测量能力。另外，"3S"技术在信息自动采集中发挥了越来越重要的作用。

五、遥感技术

遥感技术如同传说中的"千里眼"，通过收集物体表面的电磁波（辐射、反射、散射）信号，获得目标固有特征及状态信息的技术。遥感技术系统由空间信息采集、地面接收和预处理、地面实况调查、信息分析应用等子系统组成。遥感作为一种高效获取信息的手段，其蕴含的信息量丰富，全天候，信息获取周期短和多光谱特性，在水旱灾害损失评估、大面积水体水质监测、水土流失监测等方面得到广泛应用。在防汛抗旱方面，遥感能在降水遥感监测、洪水灾情监测与评估、紧急救灾和灾后重建以及区域旱情监测与评估等业务中发挥突出作用，卫星提供的灾情信息比其他常规手段更加快速、客观和全面。目前，水利部每天接收 NOAA、风云、MODIS 等遥感数据，接收的 NOAA、风云卫星数据已成为日常防汛抗旱水情气象会商的重要数据源。水利信息中心组织开发的 MODIS 水利应用与发布平台每天接受 MODIS 数据，生产作物缺水指数模型等专题产品，能向行业广大用户提供服务，未来将深入开发研制和完善的基于卫星遥感的植被指数模型、热惯量模型、作物缺水指数模型、植被指数与地表温度特征空间模型、微波模型、水文模型和气象模型等。卫星遥感、航空遥感在汶川地震特别是在堰塞湖的监测、处置中发挥了重要作用。在水土流失监测评价方面，遥感以其宏观、快速、动态和经济的特点，成为土壤侵蚀调查的首要信息源，到目前为止，进行了两次全国范围的遥感水土流失调查，为我国水土保持规划和治理工作奠定了基础，同时，根据不同时期或年代土壤侵蚀强度分级分析对比，评价水保工程治理效果，指导今后水土保持规划和设计工作。

第三节 水利信息传输与存储技术

一、通信与网络技术

水利通信与网络是水利信息化的信息高速公路，为水利信息的高效可靠传输提供了有力保障，把地理分散、种类繁多、信息量大的水利信息连接起来，保证语音、数据和图像信息能够高效安全地传输与交换。

随着通信技术的发展，水利通信网络先后采用了短波、超短波、模拟微波、数字微波、集群通信、卫星通信等技术。目前，全国已建成重点防洪地区微波通信电路15条。在公众电信网覆盖不足的地区配备了大量的短波、超短波电台，在重点防洪地区和大中型水库建立了200多个库区自动测报系统。全国初步建成了一个由水利部卫星通信主站、网络管理中心(北京)和600多个卫星通信小站组成的结构较完整、技术较先进、功能较齐全的防汛通信卫星网。值得注意的是，防汛通信车在防汛指挥等领域作用显著，防汛通信车集卫星通信、微波通信及计算机网络通信于一体，能实现视频直播、视频会商、移动网上办公、广播扩音和照明等功能。同时，防汛通信网能在山洪、泥石流的减灾中发挥不可替代的作用。

水利信息网是水利行业各单位计算机与网络设备互连形成的网络系统，按业务范围和安全保密要求分为政务外网与政务内网。水利信息网按网络层次分为广域网、园区网、部门网和接入网4个层次，其中，广域网又分为骨干网、流域省区网和地区网。随着水利信息化的发展特别是国家防汛抗旱指挥系统的实施，水利部组织建设了水利信息网骨干网，目前，全部地市级以上水利部门和80.5%的县级水利部门接入水利信息网。同时，依托水利电子政务项目，建设了连接水利部、7个流域机构的水利电子政务外网。

视频会议系统作为依托于水利通信与网络的特殊的信息可视化应用基础设施，由于其在节约会议的经费时间，提高开会效率，适应某些特殊情况等方面的巨大优势，逐步成为异地会议的首选方案，显示了重要作用和显著效益。水利部与7个流域机构、31省(区、市)、4个重点工程局之间以及23个省(区、市)建立了实现区域覆盖的视频会议系统，连接单位达到460多个，部分省市连通到了区县甚至乡镇水利部门。

二、信息存储技术

为了充分发挥海量数据在水利工作中的基础作用，实现信息共享，各级水利部门积极利用先进的信息存储与管理技术，包括海量存储设备、服务器、数据库管理系统。

随着计算机应用技术、硬件技术和网络技术的日新月异，存储技术也在飞速发展，就单个存储系统而言，其可靠性、输入/输出性能、可扩展性、连接性及可管理性日臻完善，诸如 EMC、HDS、NetApp、IBM 等公司的高端存储系统，已被广泛运用于企业的核心业务系统。目前，交互式虚拟超大容量网络存储（SAN）技术正在逐步取代老式的磁盘阵列存储（DAS）、网络存储（NAS）技术，它具备了 DAS、NAS 没有的性能和特点，具有明显的技术优势。近年来，SAN 技术已逐渐成为结构化数据存储的首选方案。

服务器是指在网络环境中为客户机（Client）提供各种服务的、特殊的专用计算机，服务器不仅仅是网络设备的中枢，承担着数据的接收、处理、转发、发布等关键处理任务。按服务器的机箱结构进行划分的话，可以把服务器划分为"塔式服务器""机架式服务器""机柜式服务器"3种。由于服务器非常重要，对服务器提出了可扩展性、可用性、可管理性和可利用性等方面的高要求，目前，服务器集群技术、热备、负载均衡等在水利行业都有广泛的应用。

数据库管理系统是一种操纵和管理数据库的大型软件，用于建立、使用和维护数据库，它对数据库进行统一的管理和控制，以保证数据库的安全性和完整性。数据库管理系统提供多种功能，可使多个应用程序和用户用不同的方法在同时或不同时刻去建立、修改和询问数据库，使用户能方便地定义和操纵数据，维护数据的安全性和完整性，以及进行多用户下的并发控制和恢复数据库。数据库管理系统在水利信息化中得到广泛应用，目前已成为水利信息管理的主要工具，管理的数据类型包括文本、数值、地理空间、多媒体等。

第四节　水利信息服务技术

一、在线事务处理（OLTP）技术

（一）OLTP 定义

在线事务处理（On-Line Transaction Processing，OLTP）也称为"面向交易的处理系统"，其基本特征是顾客的原始数据可以立即传送到计算中心进行处理，并在很短的时间内给出处理结果。这样做的最大优点是可以即时地处理输入的数据，及时地回答。衡量联机事务处理系统的一个重要性能指标是系统性能，具体体现为实时响应时间（Response Time），即用户在终端上送入数据之后，到计算机对这个请求给出答复所需的时间。

（二）OLTP 技术特征

OLTP 具有以下特征：
(1) 支持大量开发用户定期添加和修改数据。
(2) 反映随时变化的单位状态，但不保存其历史记录。
(3) 包含大量数据，其中包括用于验证事务的大量数据。
(4) 结构复杂。
(5) 可以进行优化以对事务活动做出响应。
(6) 提供用于支持单位日常运营的技术基础结构。
(7) 个别事务能够很快地完成，并且只需要访问相对较少的数据。OLTP 旨在处理同时输入的成百上千的事务。
(8) 实时性要求高。
(9) 交易一般是确定的，因此，OLTP 是对确定性的数据进行存取。

二、联机分析处理（OLAP）技术

联机分析处理（On-Line Analytical Processing，OLAP）是共享多维信息的，针对特定问题的联机数据访问和分析的快速软件技术。OLAP 系统是数据仓库系统最主要的应用，专门设计用于支持复杂的分析操作，侧重对决策人员

和高层管理人员的决策支持，可以根据分析人员的要求快速、灵活地进行大数据量的复杂查询处理，并且以一种直观而易懂的形式将查询结果提供给决策人员，以便他们准确掌握企业（公司）的经营状况，了解对象的需求，制定正确的方案。在国外，不少软件厂商采取了发展其前端产品的方法来弥补关系数据库管理系统支持的不足，力图统一分散的公共应用逻辑，在短时间内响应非数据处理专业人员的复杂查询要求。

OLAP 技术是共享多维信息的，针对特定问题的联机数据访问和分析的快速软件技术。它通过对信息多种可能的观察形式进行快速、稳定一致和交互性的存取，允许管理决策人员对数据进行深入观察。决策数据是多维数据，多维数据就是决策的主要内容。OLAP 具有灵活的分析功能、直观的数据操作和分析结果可视化表示等突出优点，从而使用户对基于大量复杂数据的分析变得轻松而高效，以利于迅速做出正确判断。它可用于证实人们提出的复杂假设，其结果是以图形或者表格的形式来表示对信息的总结。它并不将异常信息标记出来，是一种知识证实的方法。

三、数据仓库技术

（一）数据仓库技术分析

根据 Bill Inmon 的定义，"数据仓库是面向主题的，集成的，稳定的，随时间变化的，主要用于决策支持的数据库系统"。

数据仓库（Data Warehouse，DW）是为了便于多维分析和多角度展现而将数据按特定的模式进行存储所建立起来的关系型数据库，按照传统定义，它的数据基于 OLTP 系统源。数据仓库中的数据是细节的、集成的、面向主题的，以对数据进行信息分析需求为目的。

数据仓库的架构模型包括了星形架构与雪花形架构两种模式。星形架构的中间为事实表，四周为维度表，类似星星；而相比较而言，雪花形架构的中间为事实表，两边的维度表可以再有其关联子表，从而表达了清晰的维度层次关系。

对数据进行处理是为了获取数据所代表的信息。这种处理大致可以分成两大类：OLTP 和 OLAP。

从 OLAP 系统的分析需求和 ETL 的处理效率两个方面来考虑：星形结构聚合快，分析效率高；而雪花形结构明确，便于与 OLTP Systam 交互。因此，在实际项目中，可综合运用星形架构与雪花形架构来设计数据仓库。

同时，在数据仓库理论中，还有一个 ODS（Operational Data Store）概念，即操作型数据存储，它是数据仓库体系结构中的一个可选部分，ODS 兼具数据仓库和 OLTP 系统的部分特征，是一个面向主题的、集成的、可变的、当前的细节数据集合，用于支持企业对于即时性的、操作性的、集成的全体信息的需求。常常被作为数据仓库的过渡，也是数据仓库项目的可选项之一。ODS 可以起到业务系统（及其数据库）和数据仓库隔离的作用，使得查询限于数据仓库一边而不影响 OLTP 的数据，也使得决策和业务分析处理中包括了对细节数据的访问能力。

关于数据仓库的一些陈述：

（1）数据仓库是在已经建有大量数据库和保存了大量数据的情况下才建设的。

（2）数据仓库是在对现有数据库进行面向业务和决策的统计与分析而建设的。

（3）数据仓库最初的起源是基于大量的联机事务处理（记录）的，而在这些原始记录数据上需要进行有目的的分析，例如，分析趋势和爱好，统计相关项目等。

（4）数据仓库的数据是"时不变"的，但不是永远的时不变，一般情况下，还是需要根据一定时期内产生的新纪录进行"定期更新和补充"。

（二）水利信息化对数据仓库技术的需求

全国省级以上水利部门在线运行的数据库是涉及水利核心业务技术工作和综合管理工作的庞大的数据存储。现在的水利数据是相关水利部门逐年统计保留下来的，包括各类实时监测数据的原始记录、书面统计报表等。很多水利设施由于建设年代不同，所依托的部门也不同，所以水利数据具备多源异构、孤立分散和海量的特点，数据资源本身的高效存储管理和安全受到挑战，同时，也给综合高效的应用带来了障碍。

从应用角度来讲，数据管理系统中那些传统的检索系统虽然具备了提供一些常规信息需要，但是，它们所能提供的信息项目少，且是固定不变的，不能提供更广泛的信息获取和分析所需，对数据进行的挖掘分析也受到严重制约。因而已经不能适应新时期对于数据资源应用的要求。传统水利统计数据在满足业务和决策时所表现出来的不足包括：统计数据（如若干小时的累计雨量）的更新不能实现规范化和自动化；现有检索系统虽然设置了一些统计分析的表格，但也都是预先编制好的，统计所涉及站点等项目都是固定的，而不是灵活可变的；最新统计数据的更新多依靠临时手工或半手机操作进行（如对年极值的统计）；综合资料整编任务繁重。

在水利业务分析和决策支持过程中，常常需要各种统计值信息、累计值信息、极值信息等。统计值信息又有在一定时间不变的统计信息和需要较为频繁更新的"准"实时统计信息（例如，过去24小时的降雨量等）。一些需要统计信息的业务项目包括：防洪决策会商会议、水量调度方案会商会议、经济社会信息统计、工情险情信息统计、灾区预估与统计分析、年度水资源公报、泥沙公报、水质指标统计分析、水土流失统计分析等。

另外，作为决策辅助信息获取及汇集的手段，通过数据仓库的决策信息获取（挖掘）可以解决会商系统里会商汇报内容自动生成的问题。例如，有很多时候水文、防汛指挥部门在汇报前都要提前制作汇报内容，有很多重要数据要统计，但每次内容和格式都是相对固定的，这里，若有数据仓库技术做基础支撑，在信息应用层的信息统计分析将更为规范和便利。

（三）数据仓库技术应用分析

1. 关于数据仓库服务于决策的具体含义

数据仓库传统应用流域包括所谓的 BI（商业智能）业务及相关决策分析。当把数据仓库技术应用于商业策略分析与决策时，统计性的信息对于决策起到关键作用。例如，从大量的移动公司客户记录的统计分析中，获得启示而设计出对应的营销政策（如不同的套餐等）。作为比较，水利行业的业务处理和决策通常是指水利业务技术及管理工作、设施及资源运用的方案选择（如基于水库调节的防洪）与决策等，这里的业务处理和决策过程中起关键作用的可能是确定性计算模型。亦即，这里的决策与上述 BI 领域的决策有相似性，也有所区别，而区别的关键在于前者更多的是基于确定性的计算模型结果开展分析，找到需要决策的不同选择，而后者则更多的是从随机发生的众多个体的统计分析结果中找出规律，并结合商业利益需要而选择不同策略（进行决策并获得决策结果）。

同时，参与水利业务辅助决策的信息需求与商业 BI 决策信息的需求应该有区别，前者不仅有长期资料的分析，还包括近期"实时性"（至少是准实时性）资料的分析，而后者则主要是对之前资料的统计分析，前者有最新实时资料统计的要求，例如，在例会开始前，需要制作最新的各大水库蓄水实况、各主要站最新水情、各主要降雨站点降雨统计数据等。

2. 关于数据仓库所存数据的时变与时不变问题

数据仓库所存数据记录里的数据通常是不随时间变化的，但与此同时，数据仓库所存数据又是不断增加的，即会不断增加新的纪录，因而是时变的。必须处理好数据仓库与动态、实时更新的水利业务数据库之间的关系，才能使数据仓库技术更好地为业务处理和决策服务。在将数据仓库技术应用于水利业务数据处理的时候，必须分析研究数据仓库所存数据的更新频度、更新时限问题，更新要以业务处理和决策过程的具体需要为宗旨，以达到提供切实高效的信息服务为前提。

以水文数据为例，如果保存的是年极值，则数据仓库更新的频度可以一年更新一次。然而，在业务处理和决策过程中，还涉及大量的更新更快的数据，例如，一场洪水过程所对应的降雨量统计信息，依据不同流域的大小，可能就需要在数小时和数天之内进行统计分析。这实际上涉及数据仓库技术传统应用领域的经典应用是否完全适应于水利行业的具体实际问题。历史的和实时的水利业务数据，在其具体支持业务处理和决策的过程中，既有区别又有联系，而在洪水预报、防洪调度、抢险救灾、工程抢护等时间因素至关重要的情况下，过去几小时或几天之内的数据及其统计信息是关键信息，数据仓库所存数据记录的延续和补充需要根据业务的实际需要进行合理的设计。在这一点上，数据仓库技术在水利行业的应用应该与传统的商业运营 BI 领域有所区别。

3. 关于水利业务数据仓库构建中的 ETL 处理

在数据仓库的构建中，数据的提取、转换和加载（Extraction Transformation Loading, ETL）是数据仓库涉及的重点之一，也是数据仓库在运行中的关键过程。它包括了数据清洗、整合处理、转换、加载等各环节。ETL抽取整合过程直接影响到数据仓库构建和运行的效果，也直接关乎数据仓库的实用性。

要设计出符合水利业务处理和决策支持所需的水利业务数据仓库，就需要在ETL设计中充分考虑水利行业的实际需要，首先对信息需求项目的类别、属性特点等进行全面分析，结合水利信息需求的内容和形式需要，提出数据清洗、提取、转换和加载的处理（包括计算）过程，并使得最终结果符合实际需要。这客观上要求在对ETL过程进行设计时，最后有数据仓库技术专业人员和水利专业人员的共同参与，确保所设计的处理过程具备专业化的特点。假如要设计一个关于日均流量的字段，则必须清楚地知道这个计算日均流量的规范，将计算过程嵌入ETL中。因此，完全脱离专业规范的ETL过程设计不能保证符合专业应用所需。从水利专业应用出发，需要研究各核心业务对于专业化信息内容和形式的需要，并研究其处理过程，特别是要依照水文资料整编的要求（包括公式和传统整编程序与方法）来设计处理水文基础资料的ETL过程。

因此，以水利行业应用最广泛的水文基础资料处理为例，数据仓库的设计中一定要将ETL与水文测验学、水文资料整编及其规范等紧密结合，对于水文数据而言，既然要建设数据仓库，就一定要把不容易处理的原始数据转换成信息检索与应用都方便的数据形式。这样一来，就必然要把水文测验、水文资料整编的各种专业化处理过程（含分析计算公式）引入数据仓库ETL设计的过程。这正体现了IT技术与水利核心业务深度融合的理念。

4. 关于维度设计问题

在水利行业数据仓库设计过程中，面向挖掘应用的维度设计必须结合水利行业应用的特点来进行。在遵循一般数据仓库维度设计原则的前提下，充分考虑行业应用对于空间、时间等检索维度的要求。流域中大大小小河流交汇成的树枝状或网状结构成为水系或河系，而水系是分级的，如干流、一级支流、二级支流等，水事件发生于河流的某处常用干、支流上的位置来表述，这就需要数据仓库在设计上要考虑流域分级的情况，但是，只有河系或流域的分级还不够，由于河流水系常常跨不同行政区划，人们还需要区分水事件的区划属性，而这与河系属性常常是不重叠的，因此，还需要一个完善的行政区划属性，这在以行政区划为统计单位的社会经济信息数据、灾情数据应用方面尤为重要。行政区划所涉及维度的设计需参照信息应用单位的业务应用和管辖范围、涉及区划的最小单位（如县、乡镇，乃至村及自然村等）。时间维度也要结合水利行业信息内容和发展趋势，以满足业务处理和决策支持为出发点设计。

5. 关于物联网条件下"流"数据的处理问题

"流"（stream）数据在数据传输网络中有不同的定义。最为常见的为连续不断的声音或视频数据传输内容，例如，互联网上的视频流、音频流等。而一些专业的数据处理技术中则把持续、高频度传输或接收的数据称为"流"数据。流数据处理技术用于很短时间内的实时数据分析，是现在或是几秒钟之内或数分钟之内的统计分析，并计算和确定需要保存的数据。为了减少大量的极细颗粒流数据入库量，美国 IBM 公司的流处理技术强调在流数据入库前在内存中进行处理，处理后经过筛选的结果才进行存储，这为高频度的流数据处理提供了条件。而同时也要看到，在水利行业中，还有一种在上述流处理前段的数据处理过程，这就是某些采集设备自身所拥有的，旨在减少数据存储量的数据预处理过程。例如，在自动水位计的设计中，为了避免水面频繁波动造成的过多实时记录值被发送到接收端而在水位计自动发送信息之前进行时段平均，就是发送端取一定时间内的平均值发送出去。这样就减少了接收端入库的记录数量。当然，这种处理是基于对被观测对象波动的实际物理意义的分析，当过于频繁的数据不具有太多实际意义时，减少记录就是很自然的要求了。因此，在进行涉及数据仓库技术应用的流数据处理，要区分不同情况，依据软硬件与网络的处理能力，合理地选择处理的方式。

6. 关于传统水文整编资料成果的应用

水利行业和其他行业一样，也存在着大量以往用传统手段分析统计获取的信息，这些信息多为纸质形式保存，也有设计成表格形式以文档或数据库的形式保存的。不管是通过手算还是电算而来，这些数据都是宝贵的信息资源，有些还以年鉴的形式印刷处理。这些数据资源在数据仓库建设中应该考虑两种应用方式：第一，在生产这些数据的原始资料不能全部获取的情况下，直接对这些数据进行面向数据仓库技术手段保存的分析，从而设计出符合数据仓库技术特点的新的表格形式，然后采集到数据仓库中；第二，当生产这些信息的原始资料都以各种形式的数据库存在于计算机中的情况下，按照新设计的 ETL 处理过程自动产生与现有（纸质等）资料同样的信息，当然，在数据仓库技术支持下，能够提供服务的信息内容和形式要更加丰富、便捷。

7. 关于数据仓库建设与数据资源共享的体制问题

数据仓库技术是对已有数据的规范化，面向应用的重新整理。数据仓库依托的是大量的已有数据库。在水利行业规划数据仓库技术应用的时候，需要面对的是某些体制和机制制约因素。例如，广泛的数据资源整合共享背景下，面向业务处理、决策过程支持以及综合服务的整合和汇集的数据，涉及水文基础、水质、水资源管理与调度、工程管理、水土保持和政务管理等多方面的数据资源，在部门利益的驱使下，数据资源部门保护现象多有存在，这给数据仓库建设、数据汇集，特别是多源、异构数据条件下的数据仓库建设、数据汇集、决策支持信息获取等带来极大困难。这是目前阻碍这一技术在水利行业应用效果的一大障碍。

数据割据和信息孤岛的形成，如果不是部门利益驱使的主观行为造成的，则技术上是容易解决的，而涉及部门利益的情况变得复杂起来，也不是单单技术手段可以解决的，这个时候需要与整合共享相适应的配套体制和机制提供基础保障。

第五节　水利知识服务技术

一、知识经济与知识服务

知识经济的概念最早源于经济合作与发展组织有关科技和产业发展的报告："知识经济是以知识为基础的经济知识，经济是建立在知识的生产、分配和使用之上的经济。"知识经济虽然也包含人类迄今为止所创造的所有知识，但主要是指能够作为一种资源和生产要素并能转化为直接生产力的计算机软件知识、管理和行为知识、科学技术知识等核心，是以知识创新、科技创新和制度创新为基础的。

随着知识经济的推进，科学技术知识的作用也逐渐显现出来，它极大地提高了劳动生产率，促进了社会经济的发展。知识已成为首要产业，信息和知识正在取代资本与能源而成为能创造财富的主要资本。知识经济的显著特点在于知识成为生产力，产品和服务日益信息化、知识化。产品和服务的价值及竞争力更主要体现在其知识含量，而不是所需的知识信息资源数量。

由于网络技术和办公自动化技术的不断发展，文献信息资源的收集、处理、传输和反馈模式发生了重大变化，信息分布更均匀，信息量更大，传输速度更快，信息处理更科学和精确，传统以提供文献信息资源为主的信息服务方式正面临知识经济的严重冲击，难以适应知识经济和知识创新的需求，用户更需要具有针对性、个性化，能够解决实际问题的知识服务。因此，对知识信息进行收集、分析、加工、整合和创新的现代知识服务方式无疑已成为未来信息情报事业发展的战略与方向。

二、知识服务的特点、内容及服务方式

知识服务不同于一般的信息服务，是带有前瞻性的一项研究活动，是对信息资源的深层次开发和利用。它的主要服务对象是决策机构和科研人员。

知识服务以信息的收集、分析、加工、整合和创新为基础，根据用户的具体问题和实际情况，并融入用户解决问题的全过程，向用户提供能够有效支持知识应用和知识创新的一种服务。它具有全方位动态服务和帮助用户解决实际问题的特点，为用户决策提供深层次的咨询和技术支撑，提高用户的知识应用和知识创新效率，满足社会经济发展的需要是发展知识经济和提高知识创新水平的有效途径。

知识服务是面向知识内容的服务，它根据服务对象或用户的需求，动态地收集、选择、分析和利用各种知识信息，对其进行深层次的开发、分析和重组，精选出有用的知识，形成各种符合需要的知识系列产品，提供给用户，它的本质是知识创新，关注的焦点是解决实际问题，更侧重于特定用户的需求。

知识服务也是面向解决方案的服务，它帮助用户寻找解决方案。寻找解决方案的过程也就是对信息和知识不断查询、分析和重组的过程。知识服务是围绕解决方案的形成和完善而展开的，它贯穿于用户获取知识，分析、

整合和应用知识的全过程，为用户提供动态的连续性服务。

知识服务的方式主要有以下几个。

（1）融入用户解决问题和用户决策的全过程服务。知识服务人员针对具体问题和个性化环境与用户保持紧密联系，并建立用户服务责任制。

（2）专业化和个性化服务。专业化是根据具体专业或课题组织和开展服务，要求服务人员具有一定的专业特长，能够把握用户的问题，保证服务质量。个性化是针对具体用户的具体需要提供服务的，服务人员要充分了解用户的问题，跟踪用户的决策过程提供全面的决策信息。这方面人员也要有所专长。

（3）多样化动态服务。充分调动一切资源，利用各种技术和信息实现知识服务。不属于也不局限于某个信息情报系统。

（4）集成化服务。它的服务方式是开放式地通过系统集成、服务集成等多种方式地联合利用各种知识、信息和资源协调和组织人员来提供服务。

（5）自主和创新服务。根据具体问题和实际需要动态地收集、整理、分析与利用各种知识信息，创造性地设计、安排、协调和组织服务工作。要求服务人员具有很强的自主管理意识和一定的研究能力，具有创新精神，并建立相应的服务管理机制。

三、知识服务体系的建设和相关技术

良好的知识服务体系首先离不开知识服务人员。因此，知识服务人员应不断加强学习，提高自身的知识修养，博学多才，一专多能，成为能获取、掌握最新知识的专家学者和综合性知识人才。

知识服务体系的建设更需要有新型的技术支撑，使信息检索、数据挖掘和知识发现更加便利，充分支持虚拟体系的服务集成、个性化、专题化和智能化。主要有下述技术支撑。

（1）导航库技术。导航库技术是一种能够引导用户到特定地址获取所需信息的数据库。导航库把因特网与某一或某些主题相关的节点集中起来，以方便用户为原则进行组织，向用户提供这些资源的分布情况，引导用户进行查找。导航库的查询服务能接收用户提交的信息并做出反应，提供的信息数据还能根据实际情况不断自动更新，无须人为介入。

（2）推送技术。推送技术是一种根据用户需求，在指定时间内把用户选定的数据自动推送给用户的计算机发布技术，是一种基于网上主动信息服务系统的信息服务技术。"推"与传统的"拉"相对应，又相辅相成，"拉"是用户找信息，"推"是信息找用户，信息推送技术主要有以下几种方式：频道式推送、邮件式推送、网页式推送和专用式推送。

（3）智能代理技术。智能代理技术是根据用户的需求，代替用户进行各种复杂工作，如信息查询、筛选、管理等，并能推测用户的意图，自主制订、调整和执行工作计划。智能代理技术能模拟人类的行为，自主运行和提供相应的服务：在无须用户监督的情况下，昼夜不停地搜索信息，定时给用户提供服务清单；在信息捕捉的整个过程中，自动按需求设置分类，确定信息源和选择搜索路径，同时，还可对应多个特定领域捕捉信息，提高检索效率，满足用户需求，是一种更加智能化、知识化和专业化的搜索引擎。

（4）决策支持技术。决策支持技术是以管理科学、运筹学、控制论和行为科学为基础，以计算机技术、仿真技术和信息技术为手段，针对半结构化的决策问题，支持决策活动的具有智能作用的人机系统。它能够为决策者提供决策所需的数据、信息和背景材料，帮助明确决策目标，进行问题的识别，建立或修改决策模型，提供各种备选方案，并且对各种方案进行评价和优选，通过人机交互功能进行分析、比较和判断，为正确决策提供必要的支持。

在水利信息化建设中，决策支持系统建设是最高层次的建设。它重点完成水利信息化中的知识发现与基于智能化工具的应用系统建设，在此基础上完成水利行政、防洪、水资源管理、水环境管理等决策支持服务系统的建设任务，全面达到水利现代化对水利信息化的要求。

第六节 水利信息可视化技术

一、信息可视化技术

(一) 信息可视化技术概述

从实质上来看，信息可视化是信息与人可视化界面，是研究人机交互的技术。通过信息可视化技术可实现多学科的有效融合，使抽象的信息更加直观地体现处理，使使用者对抽象信息的认知度更强，是研究人与计算机交互影响的技术。信息可视化技术是数据发掘、图像处理、人机交互及科学可视化的有机整合，是使人们利用直观感知和视觉观察研究信息的方法。信息可视化技术以图形设计学和认知心理学为基础。其中，图形设计重点解决可视化表现的艺术性问题，以实际操作经验为具体导向。认知心理学则以人类感知过程为主要研究课题，重点解决人类感知理论问题和认知过程。信息可视化是数据的直观化映射过程，可将信息特征通过整合、映射、转换等形式，借助图画、图像以及动画的形式对信息内容进行表达，图像、文字和语音均可称为"信息可视化的信息源"，其可视化过程可通过不同的模式完成和实现。

(二) 信息可视化类型划分

根据类型划分，信息可视化可分为7类。一是一维数据。此类数据以一维向量和程序为主，是仅具有单一属性的信息。二是二维数据。此类数据以平面设计和地理数据为主，平面设计多采用横纵坐标显示二维数据，而地理数据多以经纬度体现。三是三维数据。此类数据的应用领域较广泛，医学、地质学、气象学均有广泛应用。通过三维信息技术，可较直观反映数据状态。四是多维数据。此类数据以金融和统计数据为主，数据包含4个或者4个以上信息属性，是目前信息可视化的研究重点方向。五是层次数据。该数据模式是抽象数据最常见的一种关系，传统的图书资源管理及视窗系统资源管理模式均是典型的层次数据。六是文本数据。此类数据表现形式多样，报纸、邮件、新闻等均可视为文本信息，网络时代到来后，多媒体和超文本成为文本信息的新形式，文本信息也是可视化信息技术最大的信息来源之一。七是网络信息。这里所说网络信息并非传统意义上的网络信息，是指网络节点与其他节点间的联系，节点间可存在多种属性关系，信息间可无直接层次关系，此类信息获取难度较大，是信息可视化技术的研究难点之一。

二、实景可视化系统建设

采用增强现实技术、大数据技术和人工智能技术，通过融合各种前端感知数据和多种业务数据，以标签的形式实现各类静态、动态、简单、复合、实时等数据在实景视频上基于精确坐标位置的叠加，实现视频资源的便捷使用，各种报警源的及时查看，巡查人员及时调用和监控区域的高低点摄像头相互联动与统一管理，为指挥决策人员提供更加实用和灵活变化的一体化信息展示。

AR实景可视化系统与水利现有的视频监控系统、水量、工情、水位、水质、雨量、工情况、水利应急人员等智能感知设备、业务系统及数据对接，获取监控视频、报警信息等资源数据，在视频中自动添加上述资源部署位置的标签，增加其属性、链接，自动获取系统输出的对比信息和报警信息，实现对水库、河流、闸站、堤坝等视频监控资源的统一管理和应用。

AR实景可视化系统主要提供以下七大功能：视频监控基础功能、GIS地图应用、视频展示、设备管理、系统管理、告警管理、录像管理。

（一）视频监控基础功能

平台提供摄像机的视频浏览和远程控制功能，可以自适应传统标清视频和数字高清视频的解码显示，支持多画面组合显示及视频任务，并通过对摄像机的云台、镜头进行远程控制，调整监控视角和范围。客户端可选择单次抓图或单路录像的功能。能够按照指定设备、通道、时间、报警信息等要素检索联网设备历史图像资料并回放和下载，回放支持正常播放、快速播放、慢速播放、画面暂停、图像抓拍、缩放显示等。录像回放是通过系统自动记录或者人工手动记录各摄像头的视频，存为录像文件，包含前端录像、中心录像、客户端录像以及告警录像等。用户可以用文件检索，直接点击列表树上有录像的设备查找录像，并可以进行播放、设置录像标签、进行录像下载、同步回放及切片回放等操作。

（二）GIS 地图应用

电子地图功能支持 ArcGis 地图引擎，通过系统中地图查看各地情况，可以在地图上查看摄像头位置，打开实时视频，实现多摄像头视频轮巡播放等。该应用同时支持地图基本功能，如测距、测面积、打印、截图、拉框搜索、标注、图层切换、鹰眼、热点排名、警力、码流上墙等功能，支持治安监控点、卡口多种元素添加及分层展示。

（三）视频展示

电视墙支持各通道画面在电视墙的选路切换以及云台控制。当视频监控发展到数字制式时，数字视频需要先经过解码还原为模拟信号，才能输出到电视墙的监视器或 DLP 显示屏。视频展示不仅可提供实时视频和录像视频上墙，支持电视墙预案配置，能够定时启动预案和手动启动预案，还支持图像质量、预置位、巡航轨迹的设置。

（四）设备管理

平台支持设备资源的添加与管理，包括监控前端 IP 摄像机、存储 NVR、报警设备和平台其他控制管理设备等，添加设备需要选择设备类型、设备型号、生产厂家、联系人、联系电话、购买日期、保修期限等信息，可以在系统内对所有的前端设备进行远程的参数配置，修改设备的参数、通道的参数等，可设置的内容取决于设备厂商 SDK 的支持。为保证添加的服务器已经正确安装，可以在程序中查看服务器的运行状态，同时，支持对前端设备进行独占性控制的锁定及解锁功能，锁定和解锁方式也可设定，以确保设备的正常运行。

（五）系统管理

1. 视频设置

可设置网络客户端访问的视频流参数，设置为主码流或子码流。主码流即相对码流值图像清晰度较高的码流，相对应的带宽要求也较高；子码流即相对码流值清晰度较低，但对带宽要求也较低。

2.级联设置

在多个平台构造的环境中，需要系统级联时，在级联设置功能中指定上下级别关系即可实现系统级联，其具体功能如下。一是注册与发现。平台间具有自动注册功能，在两个互联平台上各自对任一设备进行添加/修改，两个平台能够互相发现。二是心跳功能。两个互联平台上能够相互感知到对方平台上的授权设备状态信息。三是云台控制。两个互联平台在权限设置允许的条件下，能够控制对方的云台。四是实时监控。上级平台在权限设置允许的条件下，能够对下级平台摄像头的实时视频进行访问。五是录像调阅。上级平台在权限设置允许的条件下，能对下级平台的录像资料进行查看、下载。六是用户管理。上级平台能够检索到下级平台的用户信息。

（六）告警管理

系统能够对系统中各种告警信息自动处理并保存，并能够通过预案设置，对告警做出联动（码流上送客户端、平台自动录像、码流上墙、告警上送客户端、地图联动）。

（七）录像管理

录像管理用来管理存储的录像，包括对前端设备的录像计划配置，集中存储的录像计划配置。对于录像存储位置的配置，可预先配置录像存储方式、码流类型及存储的位置，选择录像的存储盘进行预分配。

第七节　水利信息软件平台技术

一、水利信息化平台的设计

（一）总体架构设计

水利信息化管理平台采用C/S架构，由客户端和服务端组成。客户端主要负责数据采集和用户交互，通过各种传感器、遥感技术以及用户输入等途径采集数据，同时，提供用户友好的界面进行交互操作。服务端则负责数据存储和处理，将采集到的数据进行处理、存储和管理，同时响应客户端的请求，提供数据分析和处理结果。这种架构使水利信息化管理平台具有高效、稳定和安全的特点。客户端与服务端的分离使数据采集和用户交互可以独立进行，同时，减轻了服务端的负担，提高了数据处理效率。此外，这种架构还具有良好的扩展性和灵活性，可以适应不同业务需求的变化和扩展。

（二）数据采集设计

水利信息化管理平台支持多种数据采集方式，包括传感器、遥感、GIS等，能够实现水利信息的实时采集和传输。这种多元化的数据采集方式使平台可以更加全面地获取水利信息，从不同的角度和层面了解水资源的状况和管理需求。传感器是一种重要的数据采集方式，可以通过安装在水域、水源地等关键位置的传感器设备，实时监测水位、流量、水质等关键指标，为平台提供实时、准确的数据支持。遥感技术则可以利用卫星、飞机等遥感器探测水域的状况和变化，获取大范围、快速的水利信息。GIS技术则可以通过地理信息系统，将水利信息与地理位置相结合，实现水利信息的空间分析和可视化展示。

（三）数据存储设计

水利信息化管理平台采用数据库管理系统，能够实现数据的集中存储和管理，同时支持数据备份和恢复功能。数据库管理系统的引入，使平台可以更加高效地存储和管理大量数据，同时，保证数据的安全性和可靠性。数据库管理系统采用了关系型数据库模型，可以存储各种类型的数据，包括数值、文本、图像、视频等。平台通过数据库管理系统，可以将各种类型的数据进行分类存储和管理，方便用户进行查询、分析和处理。同时，数据库管理系统还支持数据备份和恢复功能，可以在数据意外丢失或损坏时进行恢复，保证数据的完整性和一致性。

（四）数据分析设计

水利信息化管理平台采用数据挖掘和机器学习技术，能够对海量数据进行深度分析，为决策者提供科学依据。数据挖掘技术可以对大量数据进行自动分析，发现隐藏在数据中的规律、趋势和关联性，为决策提供数据支持。机器学习技术则可以利用大量数据进行模型训练和学习，自动识别出数据中的模式和特征，为预测和决策提供更加准确、可靠的支持。通过数据挖掘和机器学习技术，水利信息化管理平台可以对海量数据进行深度分析，挖掘出其中的规律和趋势，预测未来的水资源状况和需求。

(五) 用户交互设计

水利信息化管理平台采用可视化界面设计，能够实现用户友好的交互操作，提高用户体验。平台采用图形化界面设计，将复杂的数据和信息以直观、易懂的方式呈现给用户，方便用户进行数据查询、分析和处理。同时，平台还支持多种交互方式，包括鼠标、键盘、触摸屏等，满足不同用户的需求和使用习惯。可视化界面设计的应用可以提高用户的参与感和使用体验，使用户更加方便、快捷地完成各项任务和工作。同时，图形化界面设计还可以提高平台的可操作性和易用性，降低用户的学习成本和操作难度。

二、水利信息化平台的实现技术

(一) 数据库技术

水利信息化管理平台采用关系型数据库管理系统，能够实现数据的集中存储和管理。关系型数据库管理系统具有高效、稳定和可靠的数据存储与管理能力，可以支持大量的数据存储和高并发的数据访问。同时，平台还支持 NoSQL 数据库，适应大数据时代的发展需求。NoSQL 数据库是一种非关系型的数据库管理系统，具有灵活的数据模型、高可扩展性和分布式等特点，可以更好地适应大数据时代的数据存储和管理需求。通过支持 NoSQL 数据库，水利信息化管理平台可以更好地应对大规模、高并发的数据访问和存储需求，提高数据处理效率和质量。

(二) 物联网技术

水利信息化管理平台支持物联网传感器采集数据，能够实现数据的实时采集和传输。物联网传感器可以采集各种类型的水利信息，如水位、流量、水质等，同时，通过 Zigbee、LoRa 等低功耗通信技术，实现数据的实时传输和监控。这些低功耗通信技术具有较低的功耗和较高的传输效率，可以延长设备的使用寿命，同时保证数据的实时性和准确性。通过物联网传感器采集数据，水利信息化管理平台可以更加全面地了解水资源的状况和管理需求，实现更加精准的水资源管理和监测。

（三）云计算技术

水利信息化管理平台采用云计算技术，能够实现数据的分布式存储和处理，提高数据处理效率。云计算技术可以利用大量的计算、存储和网络资源，实现数据的集中管理和处理，同时提供高效的存储和访问方式。通过云计算技术，水利信息化管理平台可以快速地构建大规模、高效的数据处理和分析系统，实现数据的分布式存储和处理。这不仅可以提高数据处理效率，还可以降低成本和提高可扩展性，满足不同用户的需求和使用习惯。同时，云计算还可以提供高可用性和容灾能力，保证数据的安全性和可靠性。

（四）人工智能技术

水利信息化管理平台采用人工智能技术，能够对海量数据进行深度分析，为决策者提供科学依据。人工智能技术包括机器学习、深度学习、自然语言处理等算法，可以对大量数据进行自动分析和处理，挖掘其中的规律和趋势，为决策提供数据支持。同时，平台采用机器学习算法，实现对数据的自动分类和预测。机器学习算法可以利用大量数据进行模型训练和学习，自动识别出数据中的模式和特征，为预测和决策提供更加准确与可靠的支持。通过机器学习算法，水利信息化管理平台可以对海量数据进行自动分类和预测，提高管理效率和管理质量。

（五）可视化界面设计

水利信息化管理平台采用可视化界面设计，能够实现用户友好的交互操作。可视化界面设计可以将复杂的数据和信息以直观、易懂的方式呈现给用户，方便用户进行数据查询、分析和处理。同时，平台还采用 GIS 技术，实现地理信息的可视化展示。GIS技术可以将地理信息与数据进行结合，实现数据的空间分析和可视化展示。通过GIS技术，水利信息化管理平台可以将地理信息与水利信息进行关联，实现数据的空间分析和可视化展示。这可以帮助用户更加直观地了解水资源的分布和状况，同时，为决策提供更加全面和准确的数据支持。

第三章 智慧水利大数据与数字孪生技术

第一节 智慧水利建设

一、智慧水利建设的策略

(一) 构建多功能信息平台

针对多功能信息平台而言，具体来说，是在业务系统开展过程中，涉及管理工作以及监控等工作的重要依据，通过对该平台的利用，可以实现智慧水利运行期间相关数据信息的动态化获取。并且，在多功能信息平台的支撑下，还可以及时对获取信息开展更具准确性与全面性的分析工作，形成相应信息档案，这对于智慧水利前端设备的统一化管理来说是非常有利的。在实际开展智慧水利建设过程中，同样应该加强各类互联网信息平台的利用，例如，办公系统、监测系统等。不仅如此，对于应急通信设施和水利监管设施的建设以及实现其信息化，还需要保证其信息化技术装备水平满足实际要求，在此基础上，充分发挥多功能信息平台的作用，提高相关信息分析以及整合效果，为水利工程的智能化管理奠定坚实基础。

(二) 集成多元的信息技术

当前阶段开展的智慧水利系统建设工作，应该加强现代化先进信息技术的应用，保证传感装置选择的合理性，充分满足当前智慧水利系统建设相关标准，为后续信息技术的融入打下基础，实现信息平台的高效汇总，为相关信息数据的高效收集提供保障。当前智慧水利系统对于现代化信息技术的应用，怎样更为高效地开展信息收集工作，并且保证所收集信息的准确性以及全面性是其中的重点内容，将此作为基础，才有利于保障传感装置和数据信息两者之间的平衡性。

第一，对于物联网传感技术的应用，除了可以一定程度节约智慧水利系统建设成本外，还可以保证所获取相关数据信息的精准性与可靠性，实现相关传感设备与物联网芯片之间的有机结合，不仅可以节约能源损耗，还可以从整体上提高数据传输质量。

第二，实现GIS与BIM技术之间的结合，是当前智慧水利系统建设的一个重要特征，对于GIS与BIM技术来说，其在各行业、各领域中的应用都较为常见。实现该技术与智慧水利系统之间的有机融合，数据方面在GIS的支持下可以实现智慧水利情况的综合收集以及展示，并且可以对数据展开高效搜索以及管理。而BIM技术在当前阶段的应用具有较强先进性，将其应用于智慧水利系统中，充分发挥BIM技术的可视化功能，便可以为相关管理人员的智慧水务管理工作提供重要依据，从而更为深入地了解智慧水利建设情况，为后续工程建设相关数据收集的便捷性奠定基础。

第三，遥感协同技术。通过对遥感协同技术的合理应用，在智慧水利系统建设过程中实现自动化遥感监测，同时，能够在该技术的支持下全面收集水文地质相关信息，有利于进一步提高数据信息分析效果，在此基础上，结合勘察区域的具体情况，便能够更为高效地开展环境保护工作。遥感技术在智慧水利系统建设中的应用，保证遥感技术可以及时将有效信息传输到智慧水利系统中，从而逐步扩大无人机自动监测覆盖范围，在此基础上，基于计算机技术自动公式计算功能的支持，实现数据中相关信息的整理以及计算，明确其中的关键数据，并且将该数据上传给智慧水利系统，通过对其展开深入分析，为智慧水利系统建设规划提供重要依据。

(三) 做好人员的培训工作

从实际角度来说，智慧水利系统建设是一项具有较强系统性以及复杂性的工程，为了充分保障智慧水利系统建设效果，对外一定要充分发挥外脑优势，对内加强相关人才资源的引进并做好培训工作。与经验成熟、具有足够实力的互联网企业积极展开协作，邀请其加入智慧水利系统建设过程，从而为智慧水利系统建设的先进性提供有效保障。同时，构建合理完善的智慧水利人才培养体系，通过定期或者不定期组织相关培训活动，不断提高内部人员自身专业知识储备，同时，加强本有人才培养机制的创新以及优化，加大力度引进高层次人员,与高校展开合作,加强对复合型人才的培养,从而形成多层次、多学科的人才培养格局,增强智慧水利领域的人才储备,建立一支高素质人才队伍,更好地满足实际智慧水利系统建设需求。

二、新时代智慧水利建设

(一)新时代智慧水利建设的主要内容以及作用方向思考

1.数据检测感知系统及其作用分析

(1)防洪除涝,减缓灾情。智慧水利检测感知系统主要针对乡镇区域河流湖泊、山洪灾害隐患点、洪水蓄水沟以及泥石流通道进行实时监控,同时,依据具体情况发送准确度高、质量好以及时效性强的检测预报,有效预测各类水利环境潜在灾害风险,提升防洪除涝的整体效能。

(2)优化防旱抗旱调度措施。数据检测感知系统可有效检测各涉水工程的实际情况,依据区域性抗旱需求,优化防旱抗旱调度措施。此系统可严格监控水库蓄水量、地面土壤墒情、河流海口的水量以及盐度水平和地面植被覆盖水平等,有利于提升灾害预警工作的整体质量。

(3)提升水资源管理以及利用效能。此系统可详细检测区域地下水以及地表水的质量,并统计相关水资源的储备含量,针对水资源的取用水量进行全面检测,同时,将检测数据上传至数据共享平台,便于相关技术人员开展分析处理相关数据的工作,从而针对气候特点、环境变化提出具体有效的水资源利用措施。

(4)有利于保持水土平衡,促进生态自我修复。此系统在监测小流域动态以及小流域综合治理方面优势明显,即此系统可针对水流侵蚀区域、生态清洁要求较高的区域以及区域性耕地进行全面监控,结合具体的水资源利用要求,合理调控各项涉水事务,确保相应区域水土平衡。同时,针对较为脆弱的水环境进行重点监控,促进生态自我修复。

(5)优化供水管理过程,加大水资源监管力度。供水管理过程中的突发事件会严重威胁供水安全,此系统可全面检测水厂运行状态、负荷水平、管网质量以及水质质量等,提升故障预警效率。另外,数据检测感知系统可加大水资源监管力度,针对江河湖泊管控、水利工程建设以及建设资金调控方面，提出合理有效的优化措施，进而有利于相关技术人员依据水库体积等级提出合理有效的改造措施，在准确的检测数据支持下，提升水资源管理效能。

2. 智能化信息通信网络互联系统及其作用分析

（1）网络覆盖面广，有利于提升网络通信稳定性。新时代智能化水利建设的突出特点为网络覆盖面广，在结合现代化移动网络技术，并接入4G或5G网络之后，通信网络体系可全面覆盖国家、市区、乡镇以及村落，为其提供快速且稳定的通信体验。随着网络带宽的提升，智慧化水利建设网络在带宽方面可满足相应市、县以及乡的用网需求，进一步提升政务骨干网络的稳定性。

（2）适应通信网络互通互联要求，提升系统应急响应能力。智慧化信息通信网络互联系统可有效发挥移动通信网络的优势，针对防洪除涝、抗旱防旱以及水资源管理和调度、生态维修等方面，及时传送相关监测数据，有利于相关技术人员及时发现水利建设中的安全隐患，进而提出合理有效的预防措施。同时，当水利工程中出现显性问题时，可引导相关人员及时响应水利故障，提出合理有效的解决措施。

（二）新时代我国智慧水利建设发展的思考与建议

1. 强化信息源管理，优化基础信息系统设施建设

信息化的发展速度制约着智慧水利建设的发展趋势以及边界，信息系统作为水利工程信息化的集中体现，在智慧水利的发展中起着较为关键的支撑作用。在我国的智慧水利发展过程中，相关技术以及管理人员应注重完善信息化网络环境，提升网络信息共享能力以及响应能力。同时，在信息系统的基础设施建设方面，相关企业单位应充分利用水利建设大数据分析技术，总结水利建设的具体需求，从而精确制定智慧化水利系统建设目标，优化基础设施质量，丰富设施种类。

2. 丰富理论知识体系，接轨国内外研究成果

（1）中国水模型开发与研制。开发并研制中国水模型对智慧水利建设以及我国生态文明建设的重要性不言而喻，在具象化的水模型支持下，我国科研人员可有效预测国内水资源的变化趋势，排除水利建设中的安全隐患。水

模型可为国家政府部门在调度水资源以及预测短期水文形势方面提供有效的数据支持，从而辅助相关单位针对水资源利用以及平衡国内各地区的水资源制定合理有效的政策方针，结合各区域水资源的变化规律，提升我国水资源的利用效能。

（2）人工智能方向的研究与讨论。在智能化水利建设中，建设安全性以及建设有效性是水利工程的重要指标，但传统方式预测结果不够准确。现阶段，人工智能技术高度发展，在水利建设中，可分析各类建设数据以及水文数据，进而模拟水工程的建设、发展以及应用阶段，分析水利工程的安全性以及有效性。智慧水利建设在结合了人工智能技术后，可在数据算法以及学科知识体系构造方面发生质的改变。因此，科研人员应加强人工智能方向的研究与讨论。

第二节　智慧水利大数据理论框架解析

一、水利大数据总体架构

建立水利大数据的体系架构需要从数据"产生、流动、消亡"全生命周期出发，基于 DIKW 概念链模式，根据数据的精练化和价值化过程，分析水利大数据的分析流程，主要由水利数据的集成、存储、计算及业务应用等 4 个阶段组成。该流程将水利数据的治理与分布式存储，高性能混合计算与智能信息处理，探索与一体化搜索，可视化展现、安全治理等信息技术进行融合，能够形成支撑水利数据分析与处理、安全防护的基础平台。通过水利领域内外学科交叉融合的研究，建立水利领域智能化建模分析和数据服务模式，支撑水利业务管理和适应应用场景需求。

（一）水利数据源层

水利数据源层主要负责数据的供给和清洗，就水利行业而言，主要包括以下数据。

（1）水利业务数据。目前水利业务数据的产生和积累主要来自重大水利信息化项目、专项工作和日常工作 3 个方面。重大水利信息化项目包括国家防汛抗旱指挥系统工程、国家水资源监控能力建设、全国水土保持监测网络和信息系统等，水利专项工作包括全国水利普查、全国水资源调查评价等，日常工作主要指水利行业不同部门根据其职责开展的水利业务工作。

（2）其他行业数据。主要包括气象、自然资源、生态环境、住房和城乡建设、农村农业、统计、工业和信息化、税务等部门收集整理的数据与产品。

（3）卫星遥感影像数据。包括高分、环境、资源等国内卫星遥感影像，以及 Landsat、MODIS、Sentinel 等国外卫星遥感影像。

（4）媒体数据。包括传统和新媒体中涉及的水利领域的民生需求、公众意见、舆论热点等信息。这些数据类型包括结构化、半结构化和非结构化数据，数据的时间维度包括离线、准实时和实时。

这4类数据共同构成了数据海洋，是水利大数据分析与应用的数据。

（二）水利数据管理层

水利数据管理层负责对转换和清洗后的水利大数据进行存储、组织、管理。目前采用的全国水利普查和山洪灾害调查评价结果两种数据模型属于准动态实时 GIS 时空数据模型，在应对高速度、大数据量的水利数据流的存储、管理方面则显得无能为力，无法支持水利多传感器的快速接入，不能有效描述水利对象多粒度时空变化，更不能很好地对水利对象的多过程、多层次复合进行精确的语义表达，也不具备支撑水利多过程、多尺度耦合的动态建模和实时模拟的能力。因此，将实时 GIS 时空数据模型与水利数据模型的概念和方法相结合，发展一种包含业务属性、时空过程、几何特征、尺度和语义的水利实时时空数据模型。基于改进的水利实时动态的时空数据模型，通过水利消息总线、关系数据库、文件等接入方式，将数据采集到数据源层，再利用统一的水利数据模型实现数据的存储与集成管理。水利信息总线接入是采集如传感器监测的流式水利日志和日常管理产生的水利日志等数据，水利关系数据库接入是将结构化的水利数据从关系型水利数据库迁移到水利大数据平台，水利文件接入是向上传输与水利相关的卫星遥感、社交媒体、文档、图像、视频等半结构化和非结构化文件。

(三) 水利数据计算层

水利数据计算层提供水利大数据运算所需水利计算框架、资源任务调度、模型计算等功能，负责对水利领域大数据的计算、分析和处理等。融合传统的批数据处理体系和面向大数据的新型计算方法，通过数据的查询分析、高性能与批处理、流式与内存、迭代与图等计算，构建高性能、自适应的具有弹性的数据计算框架。遴选可以业务化的水利专业模型，整合现有成熟的、基于概率论的、扩展集合论的、仿生学的及其他定量等数据挖掘算法，以及文本数据的数据挖掘算法，形成可定制、组合、调配的分析模型组件库，有效支持水利模型网的构建和并行化计算。

(四) 水利数据应用层

水利数据应用层是以水利大数据存储和计算架构为支撑，基于微服务架构开发的，面向我国水资源、水灾害、水生态、水环境、水工程等治水实践需求的水利大数据应用系统的集合。应用系统利用虚拟化方法和多租户模式构建满足水利大数据平台多用户的使用，不仅能够提供结构化、半结构化、非结构化等各种类型的水利数据访问的控制方式，而且提供直观友好的水利数据图形化的编程框架，为我国水利的政府监管、江河调度、工程运行、应急处置和公共服务中的规律分析、异常诊断、趋势预测、决策优化等提供全方位的技术支撑。此外，还能向第三方提供安全可控的水利数据开放等功能。

二、水利大数据平台功能架构

水利大数据平台功能架构设计可用于规范和定义水利大数据平台在运行时的整体功能流程及技术选型，水利大数据平台可整合水利行业数据，融合相关行业和社会数据，形成统一的数据资源池，通过多元化采集，主体化汇聚构建全域化原始数据，基于"一数一源，一源多用"原则，汇聚全域数据，开展数据治理，形成标准一致的基础数据资源。在此基础上，构建具备开放性、可扩展性、个性化、安全可靠、成熟先进的水利大数据分析服务体系，并具备面向社会的公共服务能力。

围绕水利大数据分析应用生态圈，从底层基础设施水利数据集成、存储、计算、分析、可视化5个层面，以及水利系统安全和运维两个保障功能，将先进的技术、工具、算法、产品无缝集成，构建水利大数据分析与应用平台功能架构。具体功能架构分析如下。

（一）水利数据集成

如果对来源极其广泛和类型极为复杂的水利大数据进行处理，首先必须从源数据体系中抽取出水利对象的实体及它们之间的关系，依据时空一致性原则，按照水利对象实体将不同来源的数据进行关联和聚合，并利用统一定义的数据结构对这些数据进行存储。数据集成和提取的数据源可能来自多个业务系统，因此，避免不了有的数据是错误数据，有的数据之间存在冲突，这就需要通过检查数据一致性，处理无效值和缺失值等数据清洗流程，将存在的"脏数据"清洗掉，以保证数据具有很高的质量和可信性。在实际操作中，通过改进现有ETL采集技术，融合传感器、卫星遥感、无人机遥感、网络数据获取、媒体流获取、日志信息获取等新型采集技术，完成水利行业、行业外和日常业务产生的数据等多源、多元、多维数据的解析、转换与转载。

（二）水利数据存储

可以利用已成为大数据磁盘存储事实标准的分布式文件系统（HDFS）存储数字水利中的海量数据。水利行业数据在应用中不同业务具有不同的业务特点，有的业务对数据的实时性要求很高，而有的业务的数据更新频次不高，有的业务产生的数据可能以结构化数据为主，有的业务产生的数据可能以半结构化或非结构化数据为主。因此，需要根据水利业务的性能和分析要求对水利数据进行分类存储。实时性要求高的水利数据，可以选用实时或内存数据库系统进行存储；核心水利业务数据，可以选用传统的并行数据仓库系统进行存储；水利业务中积累的长系列历史和非结构化的数据，可以选用分布式文件系统进行存储；半结构化的水利数据，可以选用列式或键值数据库进行存储；水利行业的知识图谱，可以选用图数据库进行存储。

(三) 水利数据计算

根据水利业务应用需求，通过从查询分析、高性能与批处理、流式与内存、迭代与图等计算中对计算模式进行选择或组合，以提供面向水利业务的大数据挖掘分析应用所需实时、准实时或离线计算。

(四) 水利数据分析

水利数据分析是数字水利大数据的核心引擎，水利大数据价值能否最大化取决于对水利数据分析的准确与否。水利数据分析方法包括传统的数据挖掘、统计分析、机器学习、文本挖掘及其他新兴方法（如深度学习）等。需要利用水利大数据分析方法建立模型，发挥关联分析能力，另外还应建立水利行业机制模型，充分发挥因果分析能力，实现两者的相互校验、补充，共同构成水利数据分析的基础。通过融合、集成开源分析挖掘工具和分布式算法库，实现水利大数据分析建模、挖掘和展现，支撑业务系统实时和离线的分析挖掘应用。

(五) 水利数据可视化

利用图形图像处理、计算机视觉、虚拟现实设备等，对查询或挖掘分析的水利数据加以可视化解释，在保证信息传递准确、高效的前提下，以新颖、美观的方式，将复杂高维的数据投影到低维的空间画面上，并提供交互工具，有效利用人的视觉系统，允许实时改变数据处理和算法参数，对数据进行观察和定性及定量分析，获得大规模复杂数据集隐含的信息。按照不同的类型，数据可视化技术分为文本网络（图）数据、时空数据、多维数据等。

(六) 水利系统安全

解决从水利大数据环境下的数据采集、存储、分析、应用等过程中产生的，诸如身份验证、用户授权和输入检验等大量安全问题。由于在数据分析、挖掘过程中涉及各业务的核心数据，防止数据泄露和控制访问权限等安全措施在大数据应用中尤为关键。

(七)水利系统运维

通过水利数据平台服务集群实行集中式监视、管理，对水利大数据平台功能采用配置式扩展等技术，可解决大规模服务集群软、硬件的管理难题，并能动态配置调整水利大数据平台的系统功能。

三、水利大数据平台技术架构

水利大数据核心平台基于 Hadoop、Spark、Stream 框架的高度融合、深度优化，实现高性能计算，具有高可用性。具体架构如下。

(1) 在数据整合方面，主要采用 Hadoop 体系中的 Flume、Sqoop、Kafka 等独立组件。

(2) 在数据存储方面，在低成本硬件(x86)、磁盘的基础上，选用分布式文件系统(如 HDFS)、分布式关系型数据库(如 MySQL、Oracle 等)、NoSQL 数据库(如 HBase)、数据仓库(如 Hive)、图数据库(如 Neo4J)，以及实时内存数据库等业界典型系统。

(3) 在数据分析方面，集成 Tableau、Pluto、R、Python 语言环境，实现数据的统计分析及挖掘能力。

(4) 在应用开发接口方面，集成 Java 编程、CLI、FTP、WebHDFS 文件、ODBC/JDBC 数据库、R 语言编程、Python 语言编程等接口。

(5) 在水利分析模型方面，基于大数据和传统分析方法，建立气象模拟预报、洪水模拟预报、干旱模拟预测、水资源数量评价、水资源质量评价、水资源配置和水资源调度等模型。

(6) 在监控管理方面，利用 Ganglia，实现集群、服务、节点、性能、告警等监控管理服务。

(7) 在可视化展现方面，基于 GIS、Flash、Echart、HTML5 等构建可视化展示模块，还可以结合虚拟仿真技术，构建基于三维虚拟环境的可视化模块。

四、水利大数据平台部署架构

在基础设施部署架构及容量规划方面，参考全球能源互联网电力大数据省级平台的部署模式，水利大数据平台集群主要由数据存储、接口、集群管理和应用等服务器组成，支持存储与计算混合式架构，以及广域分布的集群部署与管理。对于七大流域机构和各省级行政区，每个流域或省级行政区的集群由 n 台（数量 n 可以根据实际数据量的存储和分析模型的计算等需求确定）x86 服务器和 1 台小型机组成。其中，核心数据集群由 $(n-5)$ 台服务器构成；剩余的 5 台服务器中，3 台服务器组成消息总线集群，部署包括消息队列及文件传输协议传输入库等集群，1 台服务器作为用户认证和访问节点，1 台服务器作为 ODBC/JDBC 及 WebHTTP/REST 服务节点；小型机作为关系型及时间序列等数据库的节点。

五、水利大数据分析架构

(一) 实时分析架构

在水资源、水生态、水环境、水灾害、水工程等监测与状态评估业务中，涉及在线监测、试验检测、日常巡视、直升机或无人机巡视和卫星遥感等数据，实时获取涉水监测与状态的流数据，利用分布式存储系统的高吞吐，实现海量监测与状态数据的同步存储；利用事先定义好的业务规则和数据处理逻辑，结合数据检索技术对监测与状态数据进行快速检索处理；利用流计算技术，实时处理流监测与状态数据，根据流计算结果，实现实时评估和趋势预测，对水安全状态正确评价，指导对事件状态的决策处理，准确识别水安全问题，实现异常状态报警，对极端条件下水安全进行预警，为水灾害防治提供决策支撑。

(二) 离线分析架构

针对水空间规划、水工程运行过程中产生的海量异构和多态的数据具有多时空、多来源、混杂和不确定性的特点，分析水空间规划数据的种类和格式多样性，建立统一的大数据存储接口，实现水空间规划离线数据的一体化分布式快速存储。

在离线数据一体化存储的基础上，建立数据分析接口，提供对水空间规划数据统计处理任务的支撑，进一步满足水空间规划计算分析，水安全风险评估及预警等高级应用系统的数据要求，为管理层制定优化的决策方案并提供科学合理的依据。

第三节　智慧水利大数据关键技术体系

通过分析国内外大数据相关标准，并结合水利大数据技术、产品和应用需求，形成能够全面支撑水利大数据的技术研究、产品研发、试点建设的水利大数据标准体系，以规范水利系统中的水利大数据产生、流动、处理和应用等过程，重点涵盖大数据基础概念、采集、存储、计算、分析、展示、质量控制、安全防护、服务等方面，适用于水利大数据平台建设和相关标准编制。

一、水利大数据基础标准

水利大数据基础标准规定水利大数据相关的基础术语、定义，保证对水利大数据相关概念理解的一致性；从数据生存周期的角度，提出水利大数据技术参考模型，指导水利大数据模型搭建。

二、水利大数据采集与转换标准

水利大数据采集与转换标准规定水利大数据平台上采集的水利数据的基本内容（如水资源、水灾害、水生态、水环境、水工程等）与属性结构，主要水利数据要素的采集方法（如传感器数据、传统关系型数据库并行，ETL数据、消息集群数据等的接入）及其技术要求，适用于各类水利信息的采集、处理、更新和转换全过程，规范水利大数据的数据采集接口及转换流程。

三、水利大数据传输标准

水利大数据传输标准在参考《水文监测数据通信规约》(SL 651-2014)、《水资源监测数据传输规约》(SL/T 427-2021)等行业标准的基础上，考虑卫星遥感、移动终端、视频监控等新型采集手段，以及已有采集设备与IPv6和5G的融合需求，规定支撑数字水利的信息通信的传输模式和协议，满足大数据环境下大容量水利数据高实时性、高可靠性传输的要求。

四、水利大数据存储与管理标准

水利大数据存储与管理标准在参考水利行业标准《水利数据库表结构及标识符编制总则》(SL/T 478—2021)、《水文数据库表结构及标识符》(SL324—2019)、《水资源监控管理数据库表结构及标识符标准》(SL 380—2007)等基础上，对已有存储与管理标准的业务，需要增加对半结构化和非结构化数据的存储及管理的内容。对没有存储与管理标准的业务，按照水利大数据的特点对业务数据的存储与管理提出新的标准。水利大数据存储与管理标准主要规范水利大数据不同数据源的结构化、半结构化和非结构化数据的存储及管理，满足海量水利数据的大规模存储、快速查询和高效计算分析的读取需求。

五、水利大数据处理与分析标准

水利大数据处理与分析标准规定水利大数据的商务智能分析和可视化等工具的技术及功能的规范，用于水利大数据计算处理分析过程中的各项技术指标决策。

六、水利大数据质量标准

水利大数据质量标准规定水利大数据平台上水利数据采集、传输、存储、交换、处理、展示等全过程的质量控制方法和全面的评价指标，并提出对水利大数据成果的测试方法和验收要求。

七、水利大数据安全标准

水利大数据安全标准以数据安全为核心，围绕数据安全，需要技术、系统、平台方面的安全标准，以及业务、服务、管理方面的安全标准支撑，提出个人信息隐私保护的管理要求和移动智能终端个人信息保护的技术要求。

八、水利大数据服务标准

水利大数据服务标准规定水利大数据平台上水利数据服务的模式、内容和方式，制定水利数据开放的管理办法，提出水利大数据平台与外部系统之间交互的数据、文件、可视化等服务接口规范。

第四节　智慧水利大数据智能应用模式

一、水资源智能应用

围绕最严格的水资源管理制度落实、节水型社会建设、城乡供水安全保障等重点工作，在国家水资源监控能力建设，地下水监测工程的基础上，扩展业务功能、汇集涉水大数据、提升分析评价模型智能水平、构建水资源智能应用，支撑水资源开发利用、城乡供水、节水等业务。

二、水环境水生态智能应用

围绕河湖长制、水域岸线管理、河道采砂监管、水土保持监测监督治理等重点需求，在全国河长制管理信息，水土保持监测和监督管理、重点工程管理等系统基础上，运用高分遥感数据解译、图像智能、数据智能等分析技术，构建水环境水生态智能应用，支撑江河湖泊和水土流失等业务。

三、水灾害智能应用

围绕水情旱情监测预警、水工程防洪抗旱调度、应急水量调度、防御洪水应急抢险技术支持等重点工作，在国家防汛抗旱指挥、全国重点地区洪水风险图编制与管理应用、全国山洪灾害防治非工程措施监测预警、全国中小河流水文监测等系统基础上，运用分布式洪水预报、区域干旱预测等水利专业模型，提高洪水预报能力，开展旱情监测分析，强化水情旱情预警，强化工程联合调度，构建水灾害智能应用，支撑洪水和干旱等业务。

四、水工程智能应用

围绕工程运行管理、运维及项目建设管理、市场监督等重点工作，在水利工程运行、全国水库大坝基础数据、全国农村水电统计信息、水利规划计划等管理系统，以及水利建设与管理信息系统、全国水利建设市场监管服务平台，水利安全生产监管信息系统的基础上，强化运行全过程监管，推进建设全流程管理，加强建设市场监管，构建水工程智能应用，支撑水利工程安全运行和建设等业务。

五、水监督智能应用

围绕监管信息预处理、行业监督稽查、安全生产监管、工程质量监督、项目稽查和监督决策支持等重点工作，在水利安全生产监管信息化系统的基础上，以"水利一张图"为抓手，提升发现问题能力，提高问题整改效率，强化行业风险评估，构建水监督智能应用，支撑水利监督等业务。

六、水行政智能应用

围绕资产、移民、项目规划、财务、移民与扶贫、机关事务等行政事务管理需求，优化完善现有系统，利用水利大数据的人工智能等技术支撑，构建水行政智能应用，实现智慧资产监管，移民、扶贫智能监管，项目智能规划，智慧机关建设，财务智能管理。

七、水公共服务智能应用

围绕政务服务全国"一网通办"，加快政府供给向公众需求转变的核心需求，以社会公众服务为导向，做好已取消或下放审批事项的事中、事后监督，以多元化信息服务为抓手，构建水公共服务智能应用。运用移动互联、虚拟/增强现实、"互联网+"、用户行为大数据分析等技术，创新构建个性化水信息、动态水指数、数字水体验、水智能问答、一站式水行政等服务，全面提升社会各界的管水治水能力、节水护水素养。

第五节 数字孪生流域建设技术

一、数字孪生流域建设

数字孪生流域和数字孪生水利工程建设是推动新阶段水利高质量发展的实施路径与最重要标志之一，是提升水利决策管理科学化、精准化、高效化能力和水平的有力支撑。

数字孪生流域是以物理流域为单元，时空数据为底座，数学模型为核心，水利知识为驱动，对物理流域全要素和水利治理管理活动全过程的数字化映射，智能化模拟，实现与物理流域同步仿真运行、虚实交互、迭代优化。

要按照"需求牵引，应用至上，数字赋能，提升能力"的要求，以数字化、网络化、智能化为主线，以数字化场景、智慧化模拟、精准化决策为路径，以算据、算法、算力建设为支撑，加快推进数字孪生流域建设，实现预报、预警、预演、预案功能。

2021年底，水利部先后印发《关于大力推进智慧水利建设的指导意见》《"十四五"期间推进智慧水利建设实施方案》。上述文件要求，到2025年，通过建设数字孪生流域、"2+N"水利智能业务应用体系、水利网络安全体系、数字水利保障体系，推进水利工程智能化改造，建成七大江河数字孪生流域等内容。

数字孪生技术在城市管理、交通、能源、制造业等领域都有一定的应用。在智慧城市建设领域，数字孪生技术助力实现城市规划、建设、运营、治理、服务的全过程、全要素、全方位、全周期的数字化、在线化、智能化，可提高城市规划的质量和水平，推动城市发展和建设。在智慧能源领域，数字孪生技术应用于能源开发、生产、运输、消费等能源全生命周期，使其具有自我学习、分析、决策、执行的能力。在智能制造领域，将设计设备生产的规划从经验和手工方式，转化为计算机辅助数字仿真与优化的精确可靠的规划设计，以达成节支降本、提质增效和协同高效的管理目的。在智慧水利领域，应用数字孪生技术进行洪水仿真，以及利用数据底板建设数字孪生流域等也形成了初步的应用。在淮河流域防洪"四预"试点应用中，应用了数字孪生技术，展现了数字流场的概念和视觉效果，直观反映王家坝洪水态势及蒙洼蓄洪区分洪过程。数字孪生黄河、数字孪生珠江以构建数字孪生流域、开展智慧化模拟、支撑精准化决策作为实施路径，数字孪生技术作为其中的技术支撑。在海河流域防洪"四预"试点中，通过智能感知、三维建模、三维仿真等技术实现数字流域和物理流域数字映射，形成流域调度的实时写真，虚实互动。数字孪生技术在防洪领域已经有了初步的应用，也是防洪"四预"应用的重要支撑技术，因而对相关技术进行研究十分必要。但由于数字孪生技术是新兴技术，其涉及技术领域广，相关技术也正在同步快速发展，同时，防洪"四预"应用领域的数字孪生技术研究也存在一定难度。

目前来说，防洪"四预"应用领域的数字孪生技术还处于概念阶段，相关边界和规范尚不明晰，比如，数字孪生流域建设的内容和标准还不够明确。另外，数字孪生技术在防洪"四预"领域的具体应用尚不充分，目前数字孪生技术在流域实时监测、洪水场景虚拟仿真方面有一定的应用，在调度控制、智能决策等方面的应用尚需进一步研究和发展。中国水利水电科学研究院在淮河流域、海河流域进行了防洪"四预"相关的试点应用，本书在前期试点应用的基础上，梳理防洪"四预"领域的主要数字孪生技术和应用方面，探索智慧水利建设的技术和方法。

数字孪生流域共建共享应遵循以下原则。

(一) 整体谋划，协同推进

按照水利部印发的《关于大力推进智慧水利建设的指导意见》《智慧水利建设顶层设计》《"十四五"智慧水利建设规划》等顶层设计，坚持"全国一盘棋"，在水利部的统筹谋划和组织下，各单位分工协作，有序推进数字孪生流域建设。

(二) 流域统筹，不漏不重

按照强化流域治理管理"统一规划，统一治理，统一调度，统一管理"要求，以流域为单元，加强对流域内省级水行政主管部门数字孪生流域建设的统筹协调，明确任务分工，发挥各方优势，避免应建未建或重复建设情况。

(三) 统一标准，有序共享

按照数字孪生流域建设的有关技术要求，围绕水利治理管理活动、数字孪生流域建设和应用实际需要，按照"一数一源"合理有序共享数字孪生流域建设成果，确保共享数据的统一性、时效性和同步性，保障各单位建设成果都能够集成为有机整体，并满足水利部指挥调度的要求。

(四) 整合集约，安全可靠

按照"整合已建，统筹在建，规范新建"的要求，充分利用现有各类信息化资源和共享的有关数字孪生流域建设成果，实现信息化资源集约节约利用。切实推进国产化软、硬件应用，提升网络风险态势感知预判和数据安全防护能力，确保数字孪生流域共建共享安全。

二、技术框架

防洪"四预"应用一项重要的工作就是数字孪生流域建设，并在数字孪生流域的基础上开展各类防洪业务应用。数字孪生流域实现物理流域的精准映射，实现数字流域和物理流域的虚实交互，通过智能干预实现流域防洪调度的智能化决策。关于数字孪生流域建设方面，水利部已经发布《数字孪生流域建设技术大纲（试行）》《数字孪生水利工程建设技术导则（试行）》《水利业务"四预"功能基本技术要求（试行）》等文件，规范了数字孪生流域建设内容和技术标准。根据防洪"四预"应用系统实践和数字孪生技术的相关研究，构建防洪"四预"数字孪生技术框架。

在数字孪生技术框架中，物理流域和数字流域构建成了一对"孪生体"。物理流域是现实中的流域，而数字流域则是利用GIS、VR、算法模型、人工智能等技术构建起来的虚拟流域、物理流域和数字流域之间通过数字孪生技术构成"虚实映射"的"孪生体"。区别于传统方法通过人工观测或控制直接作用于现实对象，在数字流域中，用户可以通过孪生的数字流域监控、决策和控制物理流域。"虚实映射"的数字孪生应用由数字孪生应用支撑层来提供应用支撑，这些应用支撑包括"算法""算例""算力"的支撑。其中，网络传输层接收物理流域的实时监测信息并映射到数字流域中，同时，可将数字流域中用户的调度控制信息传送到物理流域的控制设备上。数据底板包括高精度 DEM（Digital Elevation Model）、DOM（Digital Orthophoto Map）、BIM 等数据资源，是用来构建数字流域场景的基础数据，形成数字流域的"算力"支撑。算力支撑是对数字流域的高性能计算支持，能够满足数字流域计算分析的实时性需求，使"虚实映射"能够同步呼应。算法及仿真支撑是数字孪生流域的核心部分，负责在数字流域模拟各类防洪"四预"应用场景下物理流域的状态及变化，并通过尽可能接近现实的虚拟仿真技术展现出来，让用户有身临其境的感受。数字孪生技术框架阐述了物理流域、人类、数字流域之间的关系，是防洪"四预"应用的基础技术框架。

三、职责分工

(一) 水利部的主要职责

（1）水利部网络安全与信息化领导小组负责贯彻落实国家信息化战略要求和水利部推进数字孪生流域建设工作部署，决策相关重大事项。领导小组办公室（简称"网信办"）与有关司局按照职责分工、负责指导、组织、协调和监督检查等相关工作。

（2）负责编制数字孪生流域建设总体方案，并组织实施数字孪生流域国家级平台建设。

（3）负责审核流域管理机构数字孪生流域建设方案。

（4）负责向流域管理机构、省级水行政主管部门和有关水利工程管理单位提供相关建设成果共享。

(二) 流域管理机构的主要职责

（1）明确推进数字孪生流域共建共享领导机构及具体组织协调机构，组织协调、监督检查所辖范围内数字孪生流域和流域统一调度水利工程的数字孪生水利工程建设情况，研究解决相关问题。

（2）负责编制大江、大河、大湖及主要支流、跨省（自治区、直辖市）主要河流的数字孪生流域（含直管水利工程）建设方案，并组织实施。

（3）负责审核所辖范围内流域统一调度水利工程数字孪生水利工程和省级水行政主管部门有关数字孪生流域建设方案。

（4）负责向水利部、流域内省级水行政主管部门和有关水利工程管理单位提供相关建设成果共享。

(三) 省级水行政主管部门的主要职责

（1）明确推进本区域数字孪生流域共建共享领导机构及具体组织协调机构，组织协调、监督检查所辖范围内数字孪生流域（水利工程）建设情况，研究解决相关问题。

（2）负责编制所辖范围内主要河湖数字孪生流域（含直管水利工程）的建

设方案，并组织实施。

(3) 负责审核所辖范围内数字孪生水利工程的建设方案。

(4) 负责向水利部、有关流域管理机构和水利工程管理单位提供相关建设成果共享。

(四) 水利工程管理单位的主要职责

(1) 负责编制所辖水利工程数字孪生水利工程的建设方案，并组织实施。

(2) 负责向水利部、所在流域管理机构、有关省级水行政主管部门提供相关建设成果共享。

四、核心数字孪生技术

在防洪"四预"应用中实现数字流域和物理流域的"虚实映射"应用，需要多项技术进行支撑。数字流域模拟系统模拟物理流域的各类水文现象，"孪生体"状态同步技术保持数字流域和物理流域的状态统一，数字化场景技术将模拟的数字流域直观展现给用户，"算力"提升技术则是"虚实映射"用户体验的性能保障。

(一) 数字流域模拟系统

降雨、产流、洪水演进、溃坝、水利工程调度等在物理流域的各类涉水相关现象，在数字流域中同步模拟出来，则需要通过专业的数字流域模拟系统完成。数字流域模拟系统中，模拟降雨、辐射、蒸散发、下渗等陆面过程使用陆面水文过程模型，目前有中国水利水电科学院的时空变元分布式水文模型，以及 VIC (Variable Infiltration Capacity)、PRMS (Precipitation Runoff Modeling System) 等知名陆面过程模型可以实现全流域的水文模拟。还有其他产汇流模型，如新安江模型前期影响雨量模型 (API) 等也可以支持水文过程的模拟。模拟洪水在河道里、蓄滞洪区、城市内涝区域的演进需要使用到一维、二维水动力学、管网模型等，水动力学模型有 DHI 公司的 MIKE11 和 MIKE21 模型软件，以及中国水利水电科学院的 IFMS (Integrated Flood Modeling System) 软件平台等。在数字流域中模拟各类涉水现象，除水文、水动力学模拟外，还需要能够模拟流域水工程调度控制的水工程调度模型，模拟降雨分布的人工智能模型，模拟机电设备运行的物理模型等。可见，没有数字流域模拟系统就无法在数字流域中模拟物理流域的各类涉水现象，无法实现从"实"到"虚"的对应，因此，数字流域模拟系统是数字孪生技术的核心技术之一。

(二)"孪生体"状态同步

数字流域的模型系统在不断模拟物理流域的各类状态，但数字流域模拟系统长时间运行后会出现状态漂移现象。数字流域模拟结果偏离物理流域的状态，导致"虚实"不对应，因而需要持续地将物理流域监测到的状态数据，通过网络传输到数字流域中，通过实时校正技术将物理流域状态同化到数字流域中，从而形成"虚实映射"的数字流域。实时校正技术有传统的误差自回归，基于K最邻近算法（KNN）的非参数校正及基于Kalman滤波的多断面校正法等，各类校正技术适用于不同的模型算法。"孪生体"状态同步实现的主要难点是物理流域监测状态数据和数字流域的状态数据在时间、空间尺度上的不匹配。空间尺度上的不匹配，表现为物理流域的监测站点比较少，状态数据分散，但数字流域的模拟是精细化网格，需要高分辨率的状态数据。时间尺度上的不匹配，表现为物理流域一般监测为1h尺度的状态量，而数字流域的时间尺度则更小（如10s尺度）。为了时间、空间尺度相一致，在空间尺度上，可对物理流域的状态数据进行空间插值，匹配分辨率更高的数字流域，使二者尺度一致。时间分辨率不相同时不用进行插值匹配，二者在相同的时间点进行状态同步即可，必要时，通过插值将二者的状态数据统一到相同的时间点。更好的办法是从物理流域中获取更高时空分辨率的状态数据，比如，利用现代遥感技术获取高时空、高分辨率的土壤湿度、水面等实时状态数据映射到数字流域中，实现用精细化的数据去同步数字流域的状态。通过"孪生体"状态同步技术让数字流域和物理流域保持统一，让数字流域能持续、准确地反映出物理流域的状态及变化，是"虚实映射"的重要技术之一。

(三) 数字化场景

数字化场景技术通过三维GIS、VR、粒子效果等技术将数字流域以虚拟现实的方式展现给用户，从而让用户可以通过数字流域监控、分析和控制物理流域。

目前虚拟现实有多种技术手段，如 VR、增强虚拟现实技术（AR）、混合现实技术（MR）、扩展现实技术（XR）等。虚拟现实一方面需要高精度的数据底板支撑，另一方面需要支持虚拟现实的平台支撑。虚拟现实平台如 Cesium、UE4、X3D 等，其中，Cesium 是支持 B/S 环境中的各类三维场景渲染，UE4 或 UE5 能够更加真实地模拟现实世界。在数据底板方面，需要高精度的 DEM、DOM、BIM 模型等数据支撑。在中国水利水电科学研究院试点建设的数字孪生流域中，以高精度 DEM（2m），DOM（0.1m），河底地形及沿河倾斜摄影和水利工程 BIM 模型等构建了淮河流域王家坝至正阳关段的数字底板。在该试点应用中，虚拟现实使用了 Cesium 平台，除了加载上述高精度的数字底板数据构建三维场景以外，还利用粒子技术模拟降雨、洪水演进等虚拟现实效果，以及通过 BIM 模型的控制模拟工程调度（如开闸放水），初步满足了当前阶段洪水场景的虚拟现实需求。虚拟现实是数字孪生的核心技术之一，直接承载着各类防洪"四预"应用，也是提升用户使用体验最重要的部分。虚拟现实技术应用仍处于初级阶段，还需要通过不断研究，拓展出适应范围更广、更加逼真、渲染效率更高的数字化场景技术。

（四）"算力"提升

孪生物理流域的模型系统、虚拟现实渲染等涉及大量的计算，如果不能实时或近实时地完成相应的计算，则不能同步数字流域和物理流域二者的状态。如在数字流域中模拟蓄滞洪区洪水演进的二维水动力模型有数万个网格单元，相应的模型计算量很大，如果不能高效计算，一方面不能实时形成"虚实映射"的"孪生体"，另一方面缓慢的系统响应将给用户带来不好的使用体验。实现"算力"提升的技术有分布式计算、MPI（Message Passing Interface）、多线程、GPU（Graphics Processing Unit）加速、云计算等，各类高性能计算技术适应于不同的计算场景。中国水利水电科学院的时空变元分布式水文模型采用分布式并行加速技术，其将模型计算任务分配到多台服务器上并行计算以提升模型整体计算效率；IFMS 平台中一维、二维水动力学模型采用有限体积法，其采用 GPU 加速技术进行提升模型的计算效率，数十万个网格在 Tesla V100 的 GPU 处理器上实现秒级计算。高性能计算的实现，一方面需要算法上的改进，比如，粒子群法、SCE-UA 算法可以实现快速收敛的优化算法，以及改进的水动力学模型支持 GPU 加速计算；另一方面需要提高硬"算力"，如增加硬件资源的数量或质量。"算力"提升既是数字孪生流域模拟的性能保障，也是数字孪生的重要技术之一。

第六节　数字孪生水利工程建设技术

当前，我国治水工作的总基调已转变为水利工程补短板和水利行业强监管。而水利信息化作为"补短板和强监管"的重要措施之一，经过多年建设，已取得了长足发展。我国的水利工程信息化系统基础感知及远程集中监视控制系统已初具规模，业务应用系统已逐步完善，为水利工程运行管理人员提供了高效、便捷、可靠的管理手段。

但是，如何将现有的信息化系统与经典水文、水利、水质等理论充分结合，为工程运行管理提供科学决策，仍然是"信息水利"向"数字水利"跨越中需要解决的重要问题。数字孪生技术为解决这一问题带来了曙光，该技术在物理世界和虚拟世界之间搭建了一道桥梁，可将经典水文、水利、水质理论与水利工程信息化系统深度融合，解决"数字水利"中的科学决策问题。

一、对水利工程数字孪生技术的理解

在工业领域，数字孪生技术并不是一种全新的技术，它是系统建模与仿真应用的重要形式，是在物联网技术提供了便捷采集和可靠传输能力，大数据技术提供了海量数据存储分析能力，云计算技术提供了强大的计算能力，人工智能技术提供了强大的推理分析能力的技术背景下，系统建模与仿真应用技术发展的新阶段。数字孪生技术通过数字化的手段，构建了一个与物理世界同样的虚拟体，从而实现对物理实体的了解、分析、预测优化、控制决策。

对于运维阶段的水利工程数字孪生技术来讲，信息化系统提供了工程的运行状态信息，例如，闸阀开关状态、气象水情信息、结构应力应变信

息、水质信息等，这些信息在一定程度上，反映了真实世界中水利工程的运行状态。而基于工程建设阶段的设计资料，例如，水工建筑物设计图，闸泵站结构设计图等，利用经典的水文、水利、水质分析理论，并借助地理信息、建筑信息模型等技术，则可在计算机中搭建物理实体对应的虚拟体。基于虚拟体，可对物理实体的变化规律进行预测，并验证、优选调度运行决策。

二、水利工程数字孪生技术的架构设计

水利工程数字孪生技术就基础组成来讲，主要分为两个部分，即物理实体和虚拟体。物理实体提供水利工程的实际运行状态给虚拟体，虚拟体以物理实体的真实状态为初始条件或边界约束条件进行决策模拟仿真。经决策仿真验证后的操作方案，将会反馈到物理实体的信息化系统，从而实现对物理实体（如闸、泵等设备）的控制操作。

物理实体从广义上来讲，包括信息化系统和数据质量管理系统。信息化系统主要包括闸泵监控、水情监测、工程安全监测、水质监测等系统。物理实体的状态数据来源于信息化系统的监控采集值，但由于传感器异常、通信故障，工程上一般会出现监控采集值的异常，监控采集值并不能反映物理实体的真实状态，这将出现虚拟体的决策错误。因此，物理实体还应包含专门的数据质量管理系统，以自动筛选，剔除异常数据，并提供人机交互的数据修正功能。

虚拟体从广义上来讲，包括数字模型和决策算法。数字模型主要包括产汇流模型、河网水动模型、水质模型，以及黑箱模型等，如神经网络模型、时间序列模型等。但是仅有数字模型还不足以支撑对水利工程的调度决策，因此，对虚拟体来讲，还必须有决策算法做支撑，以及能满足大规模并行计算的技术手段。其中，决策算法不仅包括传统的线性规划、动态规划算法等，还包括遗传算法、粒子群算法等智能算法。

三、水利工程数字孪生技术的关键问题

水利工程数字孪生技术并不是一项全新技术，以往的水利工程实时在线仿真决策系统都可以视为其雏形，根据这些项目的建设经验，水利工程数

字孪生技术要真正落地，解决"数字水利"的科学决策，应该在建设过程中关注解决以下关键问题。

(一) 数据质量管理

数据是虚拟体模拟仿真和决策的依据，虚拟体中的数字模型往往需要信息化系统提供的几十个甚至上百个采集数据，作为初始条件或边界约束条件。但是，水利信息化系统采集的原始数据往往夹杂着随机的误差和噪声，这些误差和噪声将影响数字孪生体决策的准确性。例如，如果将错误的水位数据采集值作为初始条件代入圣维南方程组，那么计算的结果将无法达到预期。

因此，数据质量管理是水利工程数字孪生系统建设中的重要内容。数据质量管理系统应具备强健的数据容错管理机制，保证提供给虚拟体的数据是物理实体的真实状态。

(二) 数字模型的构建

对于数字模型的构建，一是需要解决模型边界问题。大多数水利工程在自然界并不存在天然的边界，它的实际运行工况与工程范围之外的系统（如水系）存在着较强的耦合关系。因此，对虚拟体中的数字模型，需要设定合理的边界条件，只有在合理的边界条件下，数字模型才会反映物理世界中水利工程的真实性能。

二是，要解决数字模型的参数率定问题。水利工程一般都有明确的基础参数，如河道断面形状、长度等，但是河道糙率、闸门过流系数等则需要凭借人工经验调整。在云时代，基于公有云或私有云提供的海量算力，可用智能算法对这些参数进行整体率定。例如，基于信息化系统采集的历史数据，在云端利用智能算法可同时率定同一渠段多个闸门的过流系数。

三是，需要解决模型选用的问题。在传统的水文、水利、水质模型建模的基础参数不可得，或者模型效果不好的情况下，可以基于历史数据用深度学习模型做局部模型的替代。在某些情况下，这会取得较好的效果，但深度学习模型有一个缺陷，那就是对已有的经验数据学习效果很好，但是当新输入的数据超过它的经验数据范围后，输出的结果就无法把控，也就是说，深度学习模型的输入输出不能超越它的经验范围。这也是在大云物移时代，必须更加重视传统的水文水利模型和回归分析等技术手段，而不能单单用基于历史数据的深度学习去做数字模型的原因。

四是需要解决模型计算的时效性问题。对于复杂的模型，单核运算难以满足数字孪生技术决策的时效要求。在云计算的技术背景下，一般考虑采用多核并行计算，提高模型的求解速度。

五是在模型设计上，要考虑计算机内存与中央处理器的均衡匹配，多采用矩阵，利用图形处理器提高计算速度。在决策算法选择上，要考虑能支持并行性计算的算法，如遗传算法，其在个体适应度、适应度评价等具备天然的并行性。

（三）接口设计及集成

数字孪生系统是多个子系统的集成，这些系统一般由不同的单位建设，只有设计合理的边界和接口，才能实现整个系统的稳健运行。在工程建设中，信息化系统和模型之间应该是一种松耦合的系统，两者之间应有清晰的边界和数据接口，便于模型的更替及信息化系统的更新改造。一般情况下，信息化系统仅提供原始的采集数据，而数据质量管理系统和数字模型密切相关，因此，两者应由同一家单位建设。此外，数据质量管理系统的数据是经过加工处理的，因此，数据质量管理系统应自建数据存储体系，存储修正后的数据提供给模型使用。对于虚拟体产生的决策集，应增加序列编号后提供给信息化系统执行，防止某一决策步骤的操作缺失造成工程事故。

（四）系统功效评价

数字孪生系统建设复杂，会在多个系统间产生数据交互。在工程中一般遇到的问题是数字模型和信息化系统耦合性太强，导致调试运行时互为掣肘，难以厘清头绪。根据建设经验，数字孪生系统要达到预期效果，在开发过程中可遵循"三可"原则。①可观察。虚拟体决策过程必须是可观察的，提供给用户的不能是仅有输入、输出的黑箱子。②可执行。虚拟体决策的结果必须是清晰的可操作的指令，譬如，几时几分几秒几号闸门开多少米。③可追溯。调度指令从虚拟体产生到信息化系统执行，必须有清晰的信息记录，譬如，这条决策是哪个模块产生的，是否执行了，谁执行的，什么时候执行的。

四、水利工程数字孪生技术的典型应用场景

(一) 防汛"四预"应用

数字孪生技术的目的是实现模拟、监控、诊断、预测、仿真和控制等应用。防洪"四预"应用的数字孪生技术目前主要实现了模拟、监控等初级应用。下面根据防洪"四预"应用实践归纳几点数字孪生技术的应用，为进一步拓展数字孪生技术应用提供借鉴。

1. 流域洪水虚拟化监控

防汛期间往往需要实时掌握各流域的洪水形势、水利工程的运行状态。数字孪生技术提供了强大的技术手段，通过 VR 技术模拟出整个流域的河流、地形、地貌和水利工程的数字化场景，并将物理流域监测的各类状态数据同步到数字流域，让用户身临其境查看相关雨情、水情、工情的虚拟实况。降雨量可以同步为数字化场景中的降雨粒子效果；河道、水库水位可以同步为数字化场景中的虚拟水位，直观展示水面与防洪保护对象、堤防的关系；实时视频可以融合数字化场景，形成"虚实融合"的可视化场景。流域洪水虚拟化监视把物理流域映射到数字流域中形成数字化场景，用户在防洪调度指挥中心就可以直观、真实地查看物理流域的各类细节，达到汛情监视的直观、准确和高效掌握。

2. 水利工程虚拟化巡查

通过 BIM 模型和三维仿真技术，可以将水利工程及相关机电设施设备虚拟化到数字流域中。在数字流域的虚拟现实场景中，可通过三维飞行技术支持对河道、湖泊等水利工程的巡查，以及支持室内、室外的机电设施、设备状态的巡查。同步水利工程和机电设施、设备状态到数字流域中，在机电设施、设备巡检时，可以及时发现设施、设备存在的问题，提升流域防洪安全保障能力。

3. 水利工程远程调度与控制

数字孪生技术的"虚实映射"还可以通过反向映射控制物理世界的对

象,即通过数字流域控制物理流域的对象。工作人员在数字化场景中进行操作,如首先操作机电设备的开关按钮、控制旋钮等,其次通过数字孪生技术将操作转换为一定接口标准的控制指令,通过网络传输给远端控制设备,最后由控制设备操作具体的机电设备以达到调度的目的。远端设备操作的结果再通过网络传送回数字流域,在数字流域中映射对应设备的状态,通过数字化场景展示给工作人员,实现物理流域和数字流域的"双向映射"。在实际运用中,操作人员甚至可以在数字流域中进行模拟调度与控制,数字流域模拟调度效果,让用户判别调度方案的合理性,选择合适的调度方法,大大降低传统方法调度与控制"试错"带来的成本。

4. 洪水模拟推演与智能化决策

数字孪生技术支持流域洪水的模拟推演和智能决策。数字流域根据当前的防洪形势,在数字流域中利用对抗神经网络、数字流域模拟系统分析不同的降雨条件下和不同调度控制条件下的洪水影响情况(如淹没面积、影响人口等),对比调度影响和效果,通过智能化决策选择最优的调度方案,实现流域洪水调度"虚拟模拟先行,决策调度在后",大大提高决策的科学性。在数字流域中利用预测数据(如降雨数值预报)进行超前的洪水推演,工作人员对可能出现的洪涝灾害提前采取应对措施,从而最大限度地避免洪灾带来的损失。随着人工智能技术的发展,数字流域在映射物理流域的各类状态信息的基础上,通过预报预测、模拟推演和智能决策,并自动执行最优化的水工程调度,未来有望在物理流域中实现部分或全部的自主管理。

(二)梯级泵站恒水位控制参数率定问题

某调水工程为梯级泵站,站间采用明渠输水,无调蓄设施。

在这种情况下,下级泵站的变频机组要自动调频,实现前池水位的相对恒定。自动调频一般采用PID控制,这就需要对比例(P)、积分(I)、微分(D)3个参数和调节步长(T)进行合理选取,防止系统出现超调或振荡。但是,受制于泵站不能频繁启停机试验等问题,在现实中,率定这些参数也只能进行有限次数的试验,而有限次数的试验往往难以达到预期效果。

在数字孪生的技术手段下,首先,可以基于泵组特性曲线、渠道的施工图,建立泵组和渠段的数字模型,将上级泵站、下级泵站、渠段组成一个整体模型；其次，根据信息化系统采集的历史数据对泵组模型、渠系水动力学模型进行修正，使这个整体模型能够反映泵站和渠系的真实性能；再次，基于数字模型，可对比例、积分、微分参数和调节步长进行优选；最后，将优选后的参数在实际物理系统中进行验证。

(三) 引水环通中闸泵群最优调度决策问题

例如，在某市，需要通过引水环通解决主城区的水质净化问题。该主城区有一进六出共计七座闸泵站，在调度过程中，需要对七座闸泵站的运行次序和运行时段优化决策，达到河段水体的最佳净化效果。

在数字孪生的技术手段下，首先，可根据河网基础参数建立河网的一维水动力学模型；其次，结合信息化系统中水位、流量采集站点的历史数据对模型的参数进行调整，使数字模型能够反映物理河段的真实属性；再次，将遗传算法和数字模型相互耦合，求解闸泵站调度的最优决策；最后，将最优的决策反馈到信息系统，执行闸泵的控制操作。

本系统的开发工作量较大，在系统的开发过程中，水动力模型子系统和监控子系统的建设同步进行，两个子系统采用松耦合的设计模式，子系统边界明确后，通过统一模型进行关联。在监控子系统提供给水动力学模型的数据质量管理上，采用了人工设值、监控采集值、默认值三级管理模式，优先级依次降低，即当监控子系统有采集值时，水动力学模型就以采集值作为初始条件，当监控子系统无采集值时，采用默认值作为初始条件，如果人工设了值，那么水动力学模型就采用人工设值作为初始条件。这就保证了提供给虚拟体的数据是物理实体的真实状态。

在目前已经探索的应用场景中，数字孪生技术能为泵站的恒水位控制提供调参依据，能解决引水环通中闸泵群最优调度的决策问题。这些案例表明，数字孪生技术确实能解决"信息水利"向"数字水利"跨越过程中的某些科学决策问题，数字孪生技术的应用也标志着"信息水利"向"数字水利"迈出了关键的一步。在大数据、云计算、物联网、人工智能等新技术蓬勃发展的背景下，水利工程数字孪生技术必将引领水利工程运行管理进入更加智慧的新阶段。

第四章　电厂水处理基础

第一节　锅炉补给水处理

一、锅炉补给水处理概述

(一) 锅炉补给水处理的目的和方法

锅炉补给水处理是为满足火电厂锅炉用水的要求，通过物理、化学的手段，将水中的悬浮物、胶体和溶解物质等杂质去除的过程。

锅炉补给水处理系统一般由预处理和除盐两部分组成。

为保证系统长期安全、经济、稳定运行，最大限度发挥各设备功能，将去除悬浮物和胶体的工艺放在除盐工艺之前，称为"预处理"，这里"预"是相对于除盐工艺而言的。

预处理主要是去除天然水中的悬浮物和胶体等杂质，除盐则是去除水中的溶解盐类。预处理常用的工艺有杀菌、混凝、沉淀、澄清、普通过滤和超滤等，除盐常用的工艺有反渗透、蒸馏法、离子交换法、电除盐等。

(二) 天然水中的杂质及特征

目前，电厂用水的水源主要有地表水和地下水两种天然水。天然水中杂质有的呈固态，有的呈液态或气态，它们大多以分子态、离子态或胶体颗粒存在于水中。

天然水中的杂质种类很多，按其性质可分为无机物、有机物和微生物；按分散体系，即水中杂质颗粒的大小，可分为悬浮物、胶体和溶解物质。水处理实践表明，只要杂质尺寸处在同一范围内，无论何种杂质，其除去方法都基本相同。水处理应用中是按后者进行分类的。下面介绍这些杂质的情况。

1. 悬浮物

悬浮物是指颗粒直径较大，一般在100nm以上的微粒。它们在水中是不稳定的，在重力或浮力的作用下易于分离出来。比水重的悬浮物，当水静置时或流速较慢时会下沉，在天然水中常见的此类物质是砂子和黏土类无机物；比水轻的悬浮物，当水静置时会上浮，这类物质中常见的是动植物生存过程中产生的物质或死亡后腐败的产物，它们是一些有机物；此外，还有些密度与水相近的，它们会悬浮在水中。近年来，随着工业污染的加剧，一些排入水体的工业污染物也逐渐成为悬浮物的主要部分。

悬浮物颗粒对进入水中的光线有折射、反射作用，因此，悬浮物是水发生浑浊的主要原因。

2. 胶体

胶体是指颗粒直径为1～100nm的微粒。胶体颗粒在水中存在布朗运动，它们不能靠静置的方法自水中分离出来；胶体表面因带电，同类胶体之间有同性电荷的斥力，不易相互黏合成较大的颗粒；亲水性胶体（主要是高分子的有机化合物）的溶剂化作用，使颗粒周围包裹一层较厚的水化膜，从而阻止颗粒在相碰后发生聚集。因此，胶体在水中是比较稳定的。

胶体物质中既有有机物，也有无机物，而且以前者为主。在天然水中，有些溶于水的高分子化合物被看作有机胶体是因为它们的分子较大，具有与胶体相似的性质。有机胶体物质多来自土壤的有机质，来自动植物的生物分解作用，如腐殖质、氨基酸、蛋白质等，它们是水体产生色、臭、味的主要原因。无机胶体物质大都是由许多不溶于水的分子组成的集合体，有硅酸盐和铁、铝、锰等物质。硅酸盐是地壳的主要构成成分，岩石和由岩石风化形成的土壤中都以硅酸盐为主，最常见的如石英、长石、花岗岩、高岭土等，它们常以二氧化硅表示。铁、铝氧化物的水合物（氢氧化物）多为胶体状态，它们的溶度积很小，溶解度低，在水中的含量低于1mg/L。水中胶体物质的存在，使水在光照下显得浑浊。

3. 溶解物质

溶解物质是指颗粒直径小于1nm的微粒。它们大都以离子或溶解气体的状态存在于水中。

（1）离子态杂质。离子态杂质包括阳离子和阴离子，水中常见的阳离

子有 Ca^{2+}、Mg^{2+}、Na^+、K^+、Fe^{3+} 和 Mn^{2+} 等，阴离子有 HCO_3^-、Cl^-、SO_4^{2-}、NO_3^-、PO_4^{3-} 等。水中离子态杂质来源于水在与岩石、土壤等物质接触的过程中溶解的某些矿物质。不同的矿物质与水接触，就可溶出相应的杂质离子，成为水中各种离子的主要来源。离子态杂质是造成热力设备腐蚀、结垢的主要因素，是锅炉水处理的重要去除对象。

（2）溶解气体。天然水中常见的溶解气体有 O_2 和 CO_2，有时还有 H_2S、SO_2 和 NH_3 等。

天然水中 O_2 的主要来源是大气中 O_2 的溶解，因为空气中含有20.95%的氧，水与大气接触使水体具有自充氧的能力。由于水中微生物的呼吸、有机质的降解以及矿物质的化学反应都消耗氧，如水中氧不能从大气中得到及时补充，水中氧的含量可以降得很低。一般情况下，地下水的氧含量总是比地表水低。

天然水中 CO_2 的主要来源是水中或泥土中有机物的分解和氧化，还因地层深处进行的地质化学过程而生成，如碳酸氢钙的分解。地表水的 CO_2 含量通常不超过 20～30mg/L，地下水的 CO_2 含量较高，有时达到几百毫克每升。

天然水中 CO_2 并非来自大气，恰好相反，它会向大气中析出，因为大气中 CO_2 的体积分数只有0.03%～0.04%，与之相对应的溶解度仅为0.5～1.0mg/L。地下水中有时含有少量硫化氢，它多是在特殊地质环境中生成的，一般不足几毫克每升。水中 O_2 和 CO_2 的存在是使金属发生腐蚀的主要原因。此外，水中还有各种生物代谢产物，如 NH_3、NO_3^-、NO_2^-、PO_4^{3-} 等。

4. 无机物

（1）碳酸化合物。在水中，碳酸化合物有4种不同的存在形态：溶于水的气体二氧化碳、分子态碳酸、HCO_3^- 和 CO_3^{2-}。这4种化合物统称为"碳酸化合物"，气体二氧化碳和分子态碳酸称为"游离二氧化碳"。

（2）硅酸化合物。硅酸化合物是天然水中的一种主要杂质，它是因水流经地层时，与含有硅酸盐和铝硅酸盐岩石相作用而带入的。一般地下水的硅酸化合物含量比地表水多，天然水中硅酸化合物含量一般在 1～20mg/L SiO_2 的范围内，地下水有时高达 60mg/L。

硅酸化合物比较复杂，在水中的存在形态包括离子态、分子态和胶体。

硅酸化合物的形态与其本身含量、pH 值、其他离子（如 Ca^{2+}、Mg^{2+}）的含量等有关。

硅酸的通式为 $xSiO_2 \cdot yH_2O$，当 $x=1$，$y=2$ 时，称为"正硅酸 H_4SiO_4"；当 $x=1$，$y=1$ 时，称为"偏硅酸（或硅酸）H_2SiO_3"；当 $x>1$ 时，硅酸呈聚合态，称为"多硅酸"。当水中 SiO_2 的浓度增大时，它会聚合成二聚体、三聚体、四聚体等，这些聚合体在水中很难溶解。随聚合体的增大，SiO_2 会由溶解态转变成胶态，甚至呈凝胶态自水中析出。

当 pH 值较低时，硅酸以游离态分子形式存在，水中胶态硅酸增多；当 pH 值 >7 时，水中同时有 H_2SiO_3 和 $HSiO_3^-$；当 pH 值 >11 时，水中以 $HSiO_3^-$ 为主；只有碱性较强的水中才出现 SiO_3^{2-}。

（3）铁的化合物。天然水中铁是常见的杂质。水中的铁有亚铁（Fe^{2+}）和高铁（Fe^{3+}）两种。在深井水中因溶解氧的浓度很小和水的 pH 值较低，水中会有大量 Fe^{2+} 存在，有多达 10mg/L 以上的。这是因为常见的亚铁盐类溶解度较大，水解度较小，Fe^{2+} 不易形成沉淀物。

当水中溶解氧浓度较大和 pH 值较高时，Fe^{2+} 会氧化成 Fe^{3+}，而 Fe^{3+} 的盐类很容易水解，从而转变成 $Fe(OH)_3$ 沉淀物或胶体。在地表水中，溶解氧的含量较多，因此 Fe^{2+} 的量通常很小。但在含有腐殖酸的沼泽水中，Fe^{2+} 的量可能较多，因为这种水的 pH 值常接近于 4，Fe^{2+} 会与腐殖酸形成络合物，这种络合物不易被溶解氧氧化。在 pH 值为 7 左右的地表水中，一般只含有呈胶溶态的 $Fe(OH)_3$。

5. 有机物

天然水中的有机物是十分复杂的分子集合体，按其形态有溶解物、胶体和悬浮状态 3 种形式。天然水中的有机物有两种不同的来源：一种是自然界生态循环中形成的，以腐殖质为主；另一种是人类活动中造成的，如工业废水、生活污水。腐殖质是由动植物残体经微生物新陈代谢产生的，为暗色、含氮的芳香结构的酸性高分子化合物。腐殖质中的有机物按其性质大体上可分为腐殖酸和富里酸，腐殖酸可溶于碱性溶液，但不溶于酸性溶液，在水中多呈胶体状态；富里酸可溶于酸，在水中多是溶解状态。对于人类生产活动中造成的有机物问题，必须针对具体情况进行专门研究。

在水处理中，过去讨论的重点往往是腐殖酸、富里酸等天然有机物，但近年来由于工业废水污染严重，地表水中有机物的组成更复杂。

水中有机物在进行生物氧化分解时，需要消耗水中的溶解氧，如果缺氧，则发生腐败，恶化水质，破坏水体。天然水中的有机物不但影响水处理过程的进行（如影响水的混凝沉淀，污染交换树脂和分离膜等），而且它们进入锅炉后会受热分解为低分子有机酸，造成热力设备酸性腐蚀。因此，有机物是水处理中必须去除的杂质。

6. 微生物

天然水中的微生物种类繁多，常见的微生物有藻类、细菌、真菌和原生动物，其中，藻类、细菌和真菌对用水系统的影响较大。

（1）藻类广泛分布于各种水体和土壤中，最常见的有蓝藻、绿藻和硅藻等。藻类的细胞内含有叶绿素，它能进行光合作用，其结果一是使水中溶解氧增加，二是使水的 pH 值上升。

（2）细菌是一类形体微小，结构简单，多以二分裂方式进行繁殖的原核生物，是自然界中分布最广，个体数量最多的有机体。

（3）真菌是具有丝状营养体的单细胞微小植物的总称。当真菌大量繁殖时会形成一些丝状物，附着于金属表面形成黏泥。

（4）微生物在水系统中极易生长繁殖，其结果是使水的颜色变黑，发生恶臭，同时会形成大量黏泥，严重影响水系统的正常运行。

二、锅炉补给水质量要求

锅炉补给水的质量，以不影响给水质量为标准。根据《火力发电机组及蒸汽动力设备水汽质量》(GB/T 12145—2016)，提出的要求如下。

（1）按机组参数提出补给水质量要求，改变原标准按系统出水提出要求。

（2）明确区分除盐水箱进口和出口水质要求，避免了原标准将混床出水指标与除盐水箱出水指标混淆的问题。

（3）新标准提高了除盐水箱进水（原标准的混床出水）电导率的标准值和期望值。

（4）增加了必要时监测总有机碳（TOC）项目的要求，以便于有机污染时的分析判断。

三、锅炉补给水处理方案选择

锅炉补给水处理方案的选择，应根据进水水质、给水及锅炉水的质量标准、补给水率、设备和药品的供应条件及环境保护等因素，经技术经济比较确定。

(一) 预处理

预处理方案的选择可参考下列原则。

(1) 地表水、海水预处理宜采用沉淀(混凝)、澄清、过滤。悬浮物含量较小时，可采用接触混凝、过滤或超(微)滤处理。

(2) 当地表水、海水悬浮性固体和泥沙含量超过选用澄清器(池)的进水要求时，应在供水系统中设置降低泥沙含量的预沉淀设施或备用水源。

(3) 对于再生水及矿井排水等回收水源，应根据水质特点选择采用生化处理、杀菌、过滤、石灰凝聚澄清、超(微)滤处理等工艺，对于水处理容量较大、碳酸盐硬度高的再生水，宜采用石灰凝聚澄清处理。石灰药剂宜采用消石灰粉。

(4) 当水源非活性硅含量较高时，应考虑硅对蒸汽品质的影响，可采用接触混凝、过滤或沉淀(混凝)、澄清、过滤及超(微)滤等方法去除。对于不同的处理方法，非活性硅的去除率如下：①接触混凝、过滤，去除率约60%；②混凝、澄清、过滤，去除率约90%；③混凝、澄清、过滤、一级除盐+混床，去除率约90%；④超(微)滤膜处理，去除率大于90%；⑤反渗透，去除率约100%。

(5) 原水有机物含量较高时，可采用氯化、混凝、澄清、过滤处理。上述处理仍不能满足下一级设备进水水质要求时，可同时采用活性炭、吸附树脂、生化处理或其他方法去除有机物。

(6) 预处理后水中游离余氯含量超过后处理系统进水标准时，宜采用活性炭吸附或加亚硫酸钠等处理方法除残。

(二) 除盐系统

除盐方案的选择可参考下列原则。

(1) 经技术经济比较可选用离子交换法、预脱盐+离子交换法、预脱盐+电除盐法等除盐系统。

(2) 对于含盐量较高的水源或机组对给水品质有特殊要求时，一般采用反渗透工艺进行预脱盐。由于反渗透价格已大幅降低（现仍在下降），同时与离子交换相比较也具有显著的环保效应，反渗透得到广泛应用。反渗透对 TOC 有很好的去除率，超临界机组对给水中的 TOC 有要求，当锅炉补给水仅采用离子交换系统处理，其出水中的 TOC 不能满足超临界机组对给水品质的要求时，可采用反渗透去除措施。

(3) 预脱盐后处理方案应根据进水水质及出水水质要求经技术经济比较确定。当采用反渗透预脱盐时，一级反渗透后续处理宜采用一级除盐+混床系统；当酸碱供应困难或受环保要求限制时，宜选用两级反渗透+电除盐系统。

(4) 反渗透系统保安过滤器的精度应不低于 5μm。保安过滤器的滤芯应便于快速更换，不宜采用带反洗功能的保安过滤器。

(5) 反渗透系统的高压泵应设置进水低压保护和出水高压保护开关，出口应装设电动慢开阀门，装置淡水侧宜设置爆破膜。

(6) 当采用两级反渗透系统时，第二级反渗透的浓水宜循环到第一级反渗透重复使用，第二级反渗透的单根膜回收率及通量可采用较高值；第二级反渗透进水宜设置自动加碱设施。

(7) 两级反渗透分别设置高压泵时，二级高压泵入口宜设置缓冲水箱。

(8) 当进水中强酸阴离子含量与弱酸阴离子含量的比值较稳定时，一级除盐可采用阳离子交换器先失效的单元制系统，此时阴离子交换树脂加入量（体积）宜为计算值 10%~15% 加入量。

(9) 当进水中强酸阴离子含量与弱酸阴离子含量的比值变化较大及除盐系统设备台数较多时，一级除盐设备可采用母管制系统。

(10) 对无预脱盐的离子交换除盐系统，碱再生液宜加热，加热温度可根据阴树脂的耐温性能确定，一般可为 35~40℃。

第二节 热力系统水处理

一、热力系统水处理概述

(一) 热力系统水处理的目的和方法

热力系统水处理(炉内水处理)是为了抑制热力设备腐蚀、结垢和积盐,通过物理、化学的手段,降低水汽中的杂质,调节水的化学工况的过程。热力系统水处理包括凝结水精处理、给水处理和炉水处理3部分。这3个组成部分并不是每个机组都必须具备,有些机组不设凝结水精处理或不设炉水处理。

凝结水精处理是为提高凝结水纯度,去除凝结水中杂质的过程。常用工艺有过滤、离子交换法。给水处理(也称"给水水质调节")是指向给水中加入水处理药剂,改变水的成分及其化学特性,如pH值、氧化还原电位等。给水处理是为了抑制给水对金属材料的腐蚀,减少随给水带入锅炉的腐蚀产物和其他杂质,防止因减温水引起混合式过热器、再热器和汽轮机积盐。给水处理方式有还原性全挥发处理[AVT(R)]、氧化性全挥发处理[AVT(O)]和加氧处理(OT)3种。

炉水处理(也称"炉水水质调节")是指向炉水中加入适当的化学药品,使炉水在蒸发过程中不发生结垢现象,并能减缓炉水对炉管的腐蚀,在保证锅炉安全运行的前提下尽量降低锅炉的排污率,以保证锅炉运行的经济性。常用的炉水处理有磷酸盐处理、氢氧化钠处理和全挥发处理3种方式,其中磷酸盐处理有磷酸盐处理(PT)、协调pH—磷酸盐处理(CPT)、低磷酸盐处理(LPT)和平衡磷酸盐处理(EPT)4种处理方式。

(二) 水汽中杂质的来源

热力系统水汽中含有一定量的杂质,这些杂质主要来自补给水中的杂质、水处理药剂携带、凝汽器泄漏、金属腐蚀产物、漏入空气、凝结水精处理装置释出等。现分述如下。

1. 补给水带入

在补给水处理系统运行不当或设备故障的情况下，会把原水中的悬浮物、溶解盐类或有机物带入凝结水（当补给水补入凝汽器时），即使在正常运行情况下，补给水中仍然会有微量杂质。

2. 水处理药剂携带

为了调节给水、炉水的化学工况，防止热力设备腐蚀、结垢、积盐，需要向水汽系统中加入 NH、联氨、磷酸三钠等水处理药剂，但同时也向水汽系统输入了杂质。此外，停炉保护药剂的残留物也会造成水汽污染。

3. 凝汽器泄漏

凝结水含有杂质的主要原因之一是冷却水从凝汽器不严密的部位泄漏至凝结水中。在汽轮机长期运行过程中，当凝汽器的管子因制造缺陷或腐蚀而出现裂纹、穿孔或破损，或者当管子与管板的固接不良或遭到破坏时，冷却水漏到凝结水中，这种现象称为"凝汽器泄漏"。凝汽器泄漏通常发生在换热管与管板的连接处。

微量的泄漏也称"渗漏"，即使制造和安装质量很好的凝汽器，也会因长期运行和负荷变化等因素而导致凝汽器管与管板结合处的严密性降低，造成一定程度的渗漏。

凝汽器泄漏的冷却水水量占汽轮机额定负荷时凝结水量的百分数称为"凝汽器泄漏率"，一般为 0.01%～0.05%，严密性较好的凝汽器泄漏率可以达到 0.005%。即使如此，凝结水因泄漏而带入的盐量也是不可忽视的。

凝结水因冷却水的泄漏而引起的污染程度还与汽轮机的负荷有关。因为当汽轮机的负荷很低时，凝结水量大大减少，但漏入的冷却水不会因负荷的改变而有多大变化，所以这时凝结水污染会更明显。

4. 金属腐蚀产物

发电厂水汽系统中的设备和管道，不可避免地要发生腐蚀。机组启动时，在水和蒸汽的冲刷溶解作用下，这些腐蚀产物会进入热力系统中。腐蚀产物的主要成分是铁的氧化物，其次还有铜的氧化物。腐蚀产物的数量与许多因素有关，如机组负荷的变化、设备停用期间保护的好坏、凝结水的 pH 值、给水中的溶解氧及 CO_2 含量等。在这些因素中，凝结水中铁、铜含量受机组负荷变化的影响最敏感，因为负荷的变化会促进设备及管壁上腐蚀产物的脱落，导致凝结水铁铜含量明显升高。现场测定数据表明，机组启动过程中铁铜含量比正常运行值要高十几倍甚至几十倍，致使长时间的冲洗才能达到凝结水回收标准（铁含量≤80μg/L）。

5. 漏入空气

空气漏入水汽系统中最常见部位是汽轮机的密封系统、给水泵密封处和低压加热器膨胀节点处。空气漏入会使给水中含氧量增高，随空气漏入的CO_2增加了水中碳酸化合物的含量。

6. 凝结水精处理装置释出

为减少水汽系统杂质量，在凝结水泵后设置凝结水精处理装置。但同时，精处理装置中树脂降解、破碎及残留再生剂将向水汽系统输入新杂质。

此外，热电厂返回凝结水中一般含有较多的铁、油类物质。

综上所述，在机组运行过程中，水汽会受到一定程度的污染，使水汽中的溶解盐类和固体微粒含量增加。

二、热力系统腐蚀和沉积

热力系统中水汽品质不符合规定，可能引起热力设备腐蚀、结垢和积盐，从而影响发电厂的安全、经济运行。

(一) 热力设备的腐蚀

材料受环境介质作用而变质或破坏的过程称为"腐蚀"。金属腐蚀主要是由于金属材料与环境介质的化学或电化学作用而引起的破坏或变质，有时还同时伴有机械、物理或生物作用。腐蚀的结果包括金属材料化学成分的改变、金相组织发生变化和机械性能的下降。

下面根据火电机组的实际，介绍热力设备可能发生的几种常见腐蚀。

1. 氧腐蚀

氧腐蚀是由腐蚀介质中的溶解氧引起的一种电化学腐蚀。它是热力设备常见的一种腐蚀形式，热力设备在运行和停用时，都可能发生氧腐蚀。运行时的氧腐蚀主要发生在水温较高的给水系统，以及溶解氧含量较高的疏水系统和发电机的内冷水系统；停用时的氧腐蚀通常是在较低温度下发生的，如果不进行适当的停用保护，整个机组水汽系统的各个部位都可能发生大面积严重的氧腐蚀，这种腐蚀又称"停用腐蚀"。

防止氧腐蚀应采取下列措施：严格控制凝结水和给水的纯度，这是应用各种水化学工况的前提条件。依照不同水化学工况的要求，加氨适当提高凝结水和给水的 pH 值，并通过除氧或加氧控制水中溶解氧的浓度，促使钢表面形成良好的钝化膜。

2. 酸性腐蚀

酸性腐蚀是由酸性介质中的氢离子引起的一种析氢腐蚀。热力设备可能发生的酸性腐蚀主要有凝结水系统、低压给水系统和疏水系统的游离二氧化碳腐蚀，水冷壁管的酸性腐蚀以及汽轮机蒸汽初凝区的酸性腐蚀等。

防止或减轻游离二氧化碳腐蚀，除了选用不锈钢来制造某些关键部件外，还可采取下列措施。减少补给水带入的碳酸化合物。防止凝汽器泄漏，提高凝结水质量。超临界机组的凝结水应100%地进行处理。防止空气漏入水汽系统，给水全挥发处理时应提高除氧器和凝汽器的除气效率。向凝结水和给水中加氨，中和水中的游离二氧化碳。

防止水冷壁管酸性腐蚀的根本措施是避免补给水和冷却水中含有的有机物、破碎离子交换树脂等杂质进入水汽系统，保证给水品质。此外，还采取向汽包中加药的措施来适当提高炉水的 pH 值。

为解决汽轮机蒸汽初凝区的酸性腐蚀问题，最根本措施是严格控制给水的纯度。此外，也可以考虑下列措施：将分配系数较小的挥发性碱性药剂（如联氨、催化联氨）喷入汽轮机低压缸的导气管，以减轻汽轮机中初凝区的酸性腐蚀；改变受酸性腐蚀区域汽轮机部件的材质和材料性能，如采用等离子喷镀或电涂镀措施，在金属材料表面镀覆一层耐蚀材料层，来防止酸性腐蚀。

3. 汽水腐蚀

当过热蒸汽温度超过 450℃时，蒸汽可与碳钢中的铁直接发生化学反应生成氧化皮（Fe_3O_4 或 Fe_2O_3），在超温或温度、压力波动等不利的运行条件下氧化皮产生剥离，使管壁减薄，这种化学腐蚀称为"汽水腐蚀"。汽水腐蚀一般发生在过热器或再热器管中，它既可能是均匀的，也可能是局部的。氧化皮最容易剥离的位置是在 U 形立式管的上端，尤其是出口端。

防止汽水腐蚀的主要措施有：采用沉积稀土氧化膜、铬酸盐处理、铬化处理等技术,改善氧化膜的质量,提高金属的抗高温氧化性能和氧化膜的附着力,避免过热器超温运行;机组启动时采用启动旁路系统,避免快启、快冷;机组运行时做好氧化皮监测工作,例如,检测蒸汽中的含氢量,锅炉检修时测量过热器和再热器管氧化皮的厚度。

4. 应力腐蚀

金属材料在腐蚀介质和机械应力的共同作用下产生腐蚀裂纹,甚至发生断裂的腐蚀形式,称为"应力腐蚀"。根据金属在腐蚀过程中所受应力(拉应力或交变应力)的不同,应力腐蚀可分为应力腐蚀破裂和腐蚀疲劳两大类。应力腐蚀破裂常发生在过热器、再热器、汽轮机低压缸的叶片等奥氏体不锈钢部件上。腐蚀疲劳常发生的部位有:锅炉的集汽联箱,即联箱的排水孔处;汽包和管道结合处;汽、水混合物时快时慢流过的管道;频繁启停的锅炉,在停用时氧含量高,发生点腐蚀,这些点、坑在交变应力的作用下形成疲劳源。防止应力腐蚀的措施主要有合理选材,改变介质环境,降低应力等。

5. 磨损腐蚀

磨损腐蚀是在腐蚀性介质与金属表面间发生相对运动时,由介质的电化学作用和机械磨损作用共同引起的一种局部腐蚀。例如,给水系统常因水流速过高或处于湍流状态时,对碳钢和低合金钢材料表面氧化膜的冲击而发生的流动加速腐蚀(FAC);凝汽器管水侧发生的冲刷腐蚀;在高速旋转的给水泵叶轮表面的液体中不断有蒸汽泡形成和破灭,蒸汽泡破灭时产生的冲击波会破坏金属表面的保护膜而发生空泡腐蚀(空蚀)。

可用下列方法之一抑制流动加速引起的腐蚀。更换材料。使用含铬的材料使金属表面的氧化膜附着力增强,一般不会发生 FAC。改变介质的性质。将还原性水处理方式改为氧化性水处理方式。改进设计,避免产生水流急变的部位。

6. 点蚀

点蚀又称"孔蚀",是在金属表面上产生小孔的一种极为典型的局部腐蚀。点蚀主要发生在不锈钢部件上,铜和铜合金部件也可能发生点蚀。例如,凝汽器不锈钢管水侧管壁与含氯离子的冷却水接触,在一定条件下可能导致不锈钢管发生点蚀;汽轮机停运时保护不当,不锈钢叶片有可能发生点蚀,这些腐蚀点又可能在运行时诱发叶片发生腐蚀疲劳。

防止点蚀可采用以下措施。改善介质条件,如降低 Cl 含量,降低温度,提高 pH 值,减少氧化剂(如除氧,防止 Fe^{3+} 和 Cu^{2+} 的存在)。选择耐点蚀的合金材料。结构上避免出现"死区"。采用阴极保护的方法使材料的电位低于临界的点蚀电位。对合金表面进行钝化处理和使用缓蚀剂。

7. 缝隙腐蚀

金属表面上由于存在异物或结构上的原因形成缝隙,缝隙(缝宽为 0.025~0.1mm)内介质不易流动而形成滞留状态,促使缝隙内金属产生的局部腐蚀,称为"缝隙腐蚀"。在热力设备中,凝汽器管和管板间形成的缝隙,以及腐蚀产物、泥沙、脏污物、生物等沉积或附在金属(如凝汽器不锈钢管或铜合金管)表面上形成的缝隙等,在含氯离子的腐蚀介质中都可能导致严重的缝隙腐蚀。

防止缝隙腐蚀可采用以下措施。新设备用对接焊,而不用铆接或丝杆连接。焊缝应打坡口,要焊实、焊透,以免内部产生微孔和缝隙。搭接焊的焊缝,要用连续焊,避免跳弧、断弧。尽量使用整的、不易吸水的垫片,如聚四氟乙烯。设计容器时要使液体能完全排净,避免锐角和静滞区。经常检查设备,并除去沉积物或腐蚀产物。长期停用的设备应取下湿的填料和垫片。埋地管道回填时,应尽量提供均匀的环境。对于有焊缝的管子,采用焊接或胀接、焊接两者结合的方法。例如,在安装凝汽器钛管时,应先采用胀接后再焊接,而不能像铜管那样采用胀接。

8. 晶间腐蚀

晶间腐蚀是金属材料在特定介质中,沿晶粒边界或晶界附近发生的腐蚀现象。晶间腐蚀是由晶界的杂质,或在晶界区某一合金元素增多或减少,使晶界区域与晶粒内部之间有较大的电化学性能差异而引起的。晶间腐蚀主要发生在 304 系列等奥氏体不锈钢部件上。

防止晶间腐蚀可采用以下措施。降低含碳量。降低奥氏体不锈钢中的含碳量是控制晶间腐蚀的重要措施。实验结果表明,不锈钢中的含碳量大于 0.03% 时,腐蚀将迅速增加。添加钛、能等合金元素(稳定化元素,比铬更易于形成碳化物),减少形成碳化铬的可能性。工艺措施。控制在危险温度区的停留时间,防止过热,快焊快冷,使碳来不及析出。

9. 电偶腐蚀

两种不同金属在腐蚀介质中互相接触,导致电极电位较负的金属在接触部位附近发生局部加速腐蚀,称为"电偶腐蚀"。如凝汽器的碳钢管板与铜管(或不锈钢管、钛管)连接部位,在腐蚀介质中碳钢的电极电位较低而发生的腐蚀。

有多种防止电偶腐蚀的办法,但最有效的方法是从设计上解决:一是尽量选择腐蚀电位相近的金属相组合;二是设计合理的结构,避免大阴极小阳极的结构,如不同金属部件之间应绝缘,可有效地防止电偶腐蚀。

10. 氢脆

金属在使用过程中,可能有原子氢扩散进入钢和其他金属,使金属材料的塑性和断裂强度显著降低,并可能在应力的作用下发生脆性破裂或断裂,这种腐蚀破坏称为"氢脆"或"氢损伤"。氢脆易发生在比较致密的炉管沉积物下。在锅炉发生酸性腐蚀或进行酸洗时,都可能有原子氢产生,水垢下面生成的原子氢受到沉积物的阻碍,无法扩散到汽水混合物区被汽水带走,使金属管壁与水垢之间积聚大量的氢。这些氢有一部分可能与钢中的Fe_3C发生反应生成甲烷气体,并使钢脱碳。

除上述腐蚀形式外,还有一些特殊的腐蚀形式,如锅炉烟侧的高温腐蚀、锅炉尾部受热面的低温腐蚀,凝汽器铜管水侧的微生物腐蚀、点腐蚀,汽侧的氨腐蚀,汽轮机油润滑系统微量水引起的锈蚀等。

(二) 热力设备的结垢

某些杂质进入锅炉后,在高温、高压和蒸发、浓缩的作用下,部分杂质会从炉水中析出并牢固地附着在受热面上,这种现象称为"结垢"。这些在热力设备受热面水侧金属表面上生成的固态附着物称为"水垢"。如果析出的固态附着物不在受热面上附着,而在锅炉水中呈悬浮状态,或沉积在汽包和下联箱底部的水流缓慢处,则这些附着物称为"水渣"。水渣通常可以通过连续排污或定期排污排出锅炉。但是,如果排污不及时或排污量不足,有些水渣就会随着炉水的循环,黏附在受热面上形成二次水垢。

水垢往往不是单一的化合物,而是由许多化合物组成的混合物。水垢的外观、物理特性及化学组分因水质不同,生成的部位不同而有很大差异。

例如，以二级钠离子交换软化水作为锅炉补给水的热力设备，其锅炉水冷壁管内的水垢化学组分常以复杂的硅酸盐为主；以除盐水作为锅炉补给水的热力设备，其水垢的主要化学组分是 Fe、Cu 的氧化物。水垢的化学组分虽然比较复杂，但往往以某种组分为主，因此可按水垢的化学组分分成钙镁水垢、硅酸盐水垢、氧化铁垢和铜垢等。

为了防止锅炉受热面上结钙镁水垢，一是要制备高质量的补给水并防止凝汽器泄漏，保证给水硬度足够低；二是应采取适当的炉水处理（如磷酸盐处理）。为了防止锅炉受热面上结硅酸盐水垢，应尽量降低给水中硅化合物、铝和其他金属氧化物的含量。为了防止锅炉受热面上结氧化铁垢，一是尽量减少运行或停用期间热力系统的腐蚀，从而减少炉水的含铁量；二是在凝结水系统或给水系统中装电磁过滤器或其他除铁过滤器，以减少给水的含铁量。为了防止锅炉受热面上结铜垢，一方面应减缓铜部件的腐蚀，降低给水中的含铜量；另一方面应严禁超负荷运行，避免炉管局部热负荷过高。

（三）热力设备的积盐

由于水滴携带和溶解携带等原因，从锅炉出来的饱和蒸汽中往往含有少量钠盐、硅酸盐等杂质，从而使蒸汽不纯，即蒸汽受到污染。当饱和蒸汽对某种物质的携带量超过该物质在蒸汽中的溶解度时，该物质就会沉积在过热器或汽轮机，这种现象称为"积盐"。热力设备的积盐会严重影响机组的安全经济运行。

为了获得清洁的蒸汽，应采取下述措施：尽量减少进入锅炉水中的杂质；适当的锅炉排污；完善汽包内部装置，通常在汽包内设置高效汽水分离装置、蒸汽清洗装置和多孔挡板等装置；使锅炉处于最佳的运行工况；选用合理的炉水处理方式。

三、热力系统水汽质量要求

为防止热力设备腐蚀、结垢和积盐，水汽质量应符合《火力发电机组及蒸汽动力设备水汽质量》（GB/T 12145—2016）规定。

(一) 蒸汽质量标准

有关蒸汽纯度标准的说明如下。

1. 钠

控制蒸汽中的钠含量，实际上是对蒸汽中钠化合物的总量进行控制，也就控制了 NaCl 和 NaOH 这两种主要腐蚀剂的含量。因为汽轮机蒸汽中 NaCl 和 NaOH 的安全含量每升仅为几微克，所以蒸汽纯度标准中规定了钠的含量。

2. 氢电导率

蒸汽（25℃）的氢电导率大小，实际反映蒸汽携带的总含盐量。测定蒸汽的氢电导率时，水样是先通过小型氢离子交换柱后再进行测定的，这主要是为了去除蒸汽中氨的干扰，真实反映蒸汽中氯化物（$10\mu g/kg$ 相当于电导率 $0.12\mu S/cm$）、硫酸根等离子的含量。

3. 硅酸

在蒸汽纯度标准中，硅酸的含量有的规定为 $20\mu g/kg$，有的规定为 $10\mu g/kg$。这主要是考虑到锅炉在低负荷时，蒸汽压力和温度下降后，硅酸在蒸汽中的溶解度可降至 $10\sim15\mu g/kg$。另外，还考虑到硅酸可能与蒸汽中的其他化合物发生化学反应生成复杂的化合物，从而影响机组安全运行，所以在蒸汽纯度标准中应选用较低的极限 $10\mu g/kg$。

4. 铁和铜

为了防止金属铜和铁的氧化物在过热器与汽轮机中沉积并促进腐蚀及磨蚀，在蒸汽纯度标准中对铜、铁的含量也都做了规定。

另外，蒸汽中的氯化物是一种腐蚀性化合物，其含量大小是引起汽轮机叶片应力腐蚀破裂的一个重要因素，所以有的国家蒸汽标准中特别对氯化物的含量做了规定。在汽轮机的低压区，NaCl 在蒸汽中的溶解度估计只有几微克每千克，所以有的国家研制了一种带有连续进样浓缩柱的离子色谱仪，这种仪器对几微克每千克的氯化物是灵敏的。

(二) 炉水质量标准

汽包炉炉水水质根据制造厂的规范并通过水汽品质专门试验确定。

有关炉水质量标准的说明如下。

1. 二氧化硅

炉水中的二氧化硅含量指标是由蒸汽二氧化硅指标决定的。蒸汽二氧化硅由机械携带和溶解携带组成，其标准通常是 20μg/kg。当汽包的压力在 15.8MPa 以下时，二氧化硅的汽水分配系数不足 4%。200MW 以下机组的机械携带系数一般不应大于 0.4%，300MW 及以上机组的机械携带系数一般不应大于 0.2%。为了使蒸气中的二氧化硅含量不超过 20μg/kg，炉水中的含硅量应低于 20÷（4%+0.4%）=454.5μg/L。所以，规定 12.7～15.8MPa 的锅炉炉水中的二氧化硅含量不应超过 0.45mg/L。其他压力等级的标准的计算方法与此相同。

考虑到 15.8MPa 以下的锅炉，汽包内装有蒸汽清洗装置，实际中炉水的含硅量可以放宽些，具体数值由锅炉热化学试验确定。

2. 氯离子

炉水中氯离子会破坏金属表面氧化膜而引起炉管腐蚀，而蒸气中的氯离子会引起汽轮机应力腐蚀破裂，所以亚临界机组对氯离子的控制比较严格。按照国外相关标准推荐亚临界机组蒸汽氯离子含量极限值 3μg/kg 计算，考虑到我国大多数亚临界汽包炉汽包的运行压力为 18.4MPa 左右，蒸汽以 NH_4Cl、$NaCl$ 和 HCl 的形式溶解携带氯离子，其总溶解携带系数约为 0.4%，机械携带系数按 0.2% 计。那么，炉水中的氯离子最高含量的近似值为 3÷（0.4%+0.2%）=500μg/L。所以，亚临界锅炉炉水中氯离子含量定为 0.5mg/L。当然，如果锅炉的运行压力超过 18.4MPa，则炉水中的氯离子浓度应该控制得更低些。

3. 电导率

对电导率指标的控制有两个作用：一是控制炉水中的杂质不能过度浓缩，以免引起腐蚀；二是控制磷酸盐的加药量不能太高，以免引起磷酸盐的隐藏。由于炉水的成分复杂，电导率主要是综合考虑其含盐量，其数值来源于锅炉长期运行的实践经验。

4. 氢电导率

控制氢电导率可以间接控制阴离子（尤其是强酸阴离子）的含量。例如，当炉水中氯离子含量达到 0.20mg/L 时，就可使氢电导率增加 2.4μS/cm。

5. 磷酸根

对于汽包压力在 15.8MPa 以下的锅炉，当采用全挥发给水处理方式时，均允许给水中有微量的硬度，所以，炉水也就有硬度。加入磷酸盐的量要兼顾消除炉水的硬度和维持炉水 pH 值的双重作用。通常锅炉的压力越低，给水的水质要求越宽松，给水中的硬度相对也就越高。因此，所需磷酸盐的量也就相应高些。

6. pH 值

主要考虑锅炉运行过程中的防腐要求，通常 pH 值的下限不得低于 9.0。pH 值的上限通常根据锅炉的压力等级确定。对于不同压力等级的锅炉，压力等级越低，炉水 pH 值的规定值越高。主要是考虑中、低压锅炉有用钠离子交换水作为锅炉的补给水，炉水中有游离氢氧化钠，使 pH 值有所升高。另外，压力低的锅炉，补给水水质相对较差，炉水中的含硅量增加较多，往往是高参数锅炉的十几倍甚至上百倍，而硅酸的溶解携带与炉水的 pH 值有关，即随着炉水 pH 值的升高而降低。所以，提高炉水的 pH 值可以控制蒸汽的含硅量。

(三) 给水质量标准

有关给水质量标准的说明如下。

1. 钠

给水的含钠量只对直流炉做了规定，因为给水经过直流炉后水中的钠几乎全部进入蒸汽，含钠量如果过高，过热器和汽轮机就可能会发生钠盐的沉积。而汽包炉的给水进入汽包后将与炉水混合，混合后的钠会在炉水和蒸汽之间进行二次分配，进入蒸汽的钠非常少。相比炉水的含钠量，给水的含钠量要小得多，何况汽包炉水中往往加入有毫克每升级的磷酸三钠或氢氧化钠。

2. 氢电导率

标准中采用氢电导率而不用电导率，其理由是：①因为给水采用加氨处理，氨对电导率的贡献远大于杂质的贡献；②因为氨在水中存在电离平衡：$NH_3 \cdot H_2O == NH_4^+ + OH^-$，经过 H 型离子交换后可除去 NH_4^+，并生成等量的 H^+，H^+ 与 OH^- 结合生成 H_2O。由于水样中所有阳离子都转化为 H^+，而阴离子不变，即水样中除 OH⁻ 以外，各种阴离子是以对应的酸的形式存在的，是衡量除 OH⁻ 以外的所有阴离子的综合指标，其值越小说明其阴离子含量越低。不同阴离子对电导率的贡献不同，因此它是一个综合指标。在25℃时，35.5μg/LCl⁻、48μg/LSO$_4^{2-}$ 和 59μg/LCH$_3$COO⁻ 对氢电导率的贡献分别是 0.426μS/cm、0.430μS/cm 和 0.391μS/cm。例如，给水的氢电导率规定为不大于 0.2μS/cm，如果水中的阴离子除 OH⁻ 以外只有 Cl⁻，那么 Cl⁻ 的浓度不应超过 12.1μg/L。

3. 二氧化硅

一般认为，给水中硅、铜、铁含量较高时，在热负荷很高的锅炉炉管内易形成硅酸盐水垢；给水中的硅进入锅炉，由于蒸汽的携带，产生的硅酸盐最终沉积在汽轮机通流部位上，故在给水质量监督中，二氧化硅不仅是检测对象，同时也作为控制指标予以重视。

4. 铁、铜

铁、铜含量是衡量给水系统腐蚀的指标，也是其他水质指标综合反应的结果。对铁、铜含量进行限制的另一个原因是，防止腐蚀产物随给水进入锅炉后形成二次水垢。

5. pH 值

无论溶解氧浓度高还是低，铜合金最佳防腐蚀的 pH 值都为 8.8~9.1，而碳钢为 9.6 以上。对于有铜系统，为了兼顾铜、铁的腐蚀，pH 值定为 8.8~9.3。这种规定还是偏袒属于铜合金，因为铜设备比较精密，壁比较薄，其腐蚀产物容易被蒸汽携带，影响汽轮机的安全经济运行。对于无铜系统，pH 值定为 9.0~9.6。在机组运行过程中，pH 值超过 9.6 以后对于防止水汽系统的腐蚀已经没有必要了；而低于 9.0 时给水系统的含铁量就会明显增高，即腐蚀速度加快。

6. 溶解氧

全挥发处理时，在正常情况下，经过除氧器热力除氧后水中的溶解氧浓度已经能够达到小于 7μg/L 的水平，这时加联氨的主要作用是使水处于还原性。如果水中的溶解氧浓度仍然较高，那么这时加联氨的作用是除去水中的一部分溶解氧并使水处于还原性。热力除氧由于需要消耗蒸汽，存在经济性问题；化学除氧由于溶解氧浓度和联氨浓度都很低，存在反应速度问题，溶解氧浓度不宜定得太低，7μg/L 的水平已经能够达到电力系统安全运行的要求。国外有的标准定为 5μg/L，其实际意义不大。

加氧处理时，在氧化膜的形成过程中，只要饱和蒸汽中没氧，给水中的溶解氧浓度允许高些，这时给水的氢电导率可能会升高，其原因是给水系统的管壁以及管壁上的 Fe_3O_4 氧化膜中所含有机物被氧化，形成了低分子有机酸。当 Fe_3O_4 全部转换为 $\alpha-Fe_2O_3$ 后，给水的氢电导率就会恢复到加氧前的水平。在氧化膜的转换过程中，允许给水的氢电导率达到 0.2μS/cm。如果超过此值就应减少加氧量。对于汽包炉，实施给水加氧处理稳定运行后，虽然溶解氧量定为 10~80μg/L，但最好控制为 50~70μg/L，只有在负荷波动时，不得已才可短时间偏上限或下限运行；对于直流炉，实施给水加氧处理稳定运行后，虽然溶解氧量定为 30~300μg/L，但最好控制为 50~100μg/L，只有在负荷波动时，不得已才可短时间偏上限或下限运行。

7. 联氨

对于有铜系统，通常规定联氨的剩余浓度高些；对于无铜系统，通常规定联氨的剩余浓度低些。规定联氨的剩余浓度小于 30μg/L，是因为没有必要维持过高的联氨剩余浓度，有时反而会使给水的含铁量增高。

8. TOC

总有机碳是指水中有机物的总含碳量，它是以碳的数量表示水中含有机物的量。控制有机物的目的是防止热分解产生有机酸。

(四) 凝结水质量标准

有关凝结水泵出口水质量标准的说明如下。

1. 硬度

冷却水漏入或渗入凝结水，使凝结水中含有钙、镁盐类，会导致给水硬度不合格，应对凝结水硬度进行监督。

2. 溶解氧

凝结水中溶解氧主要来源于凝汽器和凝结水泵不严密而漏入的空气。凝结水含氧量较大，会造成凝结水系统腐蚀，使给水中腐蚀产物增多，影响给水水质，应对凝结水中溶解氧进行监督。

3. 电导率

为了及时发现凝汽器的泄漏，应连续测定凝结水的电导率。为提高测定的灵敏度，应将凝结水水样通过氢离子交换后，用工业电导率仪连续测定。

4. 含钠量

用工业钠度计监测凝结水中的钠离子，可更直观、更灵敏和更可靠地及时迅速发现凝汽器的微小泄漏。当用海水、苦咸水做冷却水或冷却水含盐量较高时，此法尤为适用。

四、热力系统水处理方案选择

热力系统水处理方案应根据机组参数、材料特性、炉型及水的纯度等因素，经技术经济比较确定。

(一) 凝结水精处理

凝结水精处理方案的选择可参考下列原则。

(1) 对由直流炉供汽的汽轮机组，全部凝结水应进行除盐，同时应设置除铁设施。除铁设施可不设备用，但不应少于2台，除盐装置应设置备用设备。

(2) 对由亚临界汽包炉供汽的汽轮机组，全部凝结水宜进行精处理。对于机组容量为300MW级，冷却水水质较好且按给水采用还原性全挥发处理工况设计的汽轮机组的凝结水精处理装置，可不设备用设备，但精处理设备不应少于2台；对于冷却水水质为海水、苦咸水、再生水或机组容量为600MW级及以上，或按给水采用加氧处理工况设计的汽轮机组的凝结水精处理装置，应设有备用设备。

(3) 对由超高压汽包炉供汽的汽轮机组，通常不设凝结水精处理系统；当冷却水为海水或苦咸水，且凝汽器采用铜管时，宜设凝结水精处理装置。

(4) 承担调峰负荷的，由超高压汽包炉供汽的汽轮机组，若无精处理装置，则可设置供机组启动用的除铁装置。除铁装置不设备用设备。

(5) 对用于不同形式的空冷机组的精处理系统，可选择粉末树脂过滤器、前置过滤器+混床、阴阳分床等处理系统。

(6) 临界及以上参数的汽轮机组的凝结水精处理宜采用中压系统。

(7) 离子交换器中树脂的再生应采用体外再生方式。

(8) 凝结水精处理系统应设有100%容量的旁路装置，旁路阀门应为有调节功能的自动阀门，同时还应设置旁路阀门的运行检修阀门。

(9) 离子交换器出水管道上应安装树脂捕捉器。树脂捕捉器应有冲洗措施，并易于检修。

(二) 给水处理

应根据机组的材料特性、炉型及给水纯度来选择给水处理方式。给水处理方式的选择可参考下列原则。

(1) 根据材质选择给水处理方式。除凝汽器外，水汽系统不含铜合金材料，首选 AVT（O）；如果有凝结水精处理设备并正常运行，通过试验后采用 OT。除凝汽器外，水汽系统含铜合金材料，首选 AVT（R）；此外，也可通过试验，确认给水的含铜量不超标后采用 AVT（O）。

(2) 根据给水水质选择不同的处理方式。三种给水处理方式对给水纯度（氢电导率）的要求不同。

(3) 根据机组的运行状况选择不同的处理方式。如果机组因负荷需求经常启停，或机组本身不能长期稳定运行，宜选择 AVT（R）。

(4) 采用目前的给水处理方式，机组无腐蚀问题，可按此方式继续运行。

(5) 如果采用目前的给水处理方式，机组存在腐蚀问题，则应通过规定流程选择其他给水处理方式。选择步骤如下。

①当机组为无铜系统时，应优先选用 AVT（O）方式；如果给水氢电导率小于 $0.15\mu S/cm$，且精处理系统运行正常，则宜转为 OT 方式，否则按原处理方式继续运行。

②当机组为有铜系统时，应采用 AVT（R）方式，并进行优化；如果给水氢电导率小于 $0.15\mu S/cm$，且精处理系统运行正常，则还可以进行加氧试验，确定水汽系统的含铜量合格后转为 OT 方式，否则按原处理方式继续运行。

(三)炉水处理

炉水处理方式的选择可参考下列原则。

(1)锅炉炉水宜采用磷酸盐处理,对于凝结水采用了离子交换处理的机组,炉水应有采用氢氧化钠处理的可能。

(2)对于空冷机组,炉水宜采用氢氧化钠处理。

(3)锅炉点火启动期间,应优先使用PT方式;锅炉运行期间,可根据机组特点选择不同的炉水处理方式。

如果锅炉采用PT时,有轻微的磷酸盐隐藏现象,但没有引起腐蚀,则可按此方式继续运行;如果磷酸盐隐藏现象严重,则应选择其他炉水处理方式。

第三节 其他水处理

一、发电机内冷水处理

(一)发电机内冷水处理概述

1. 发电机内冷水处理的目的和方法

发电机内冷水处理是为了防止或减少内冷水系统空心铜导线的堵塞和腐蚀,对内冷水水质进行适当的控制和调节的过程。

内冷水处理常用的方法有单床离子交换微碱化法、离子交换加碱碱化法、氢型混床—钠型混床处理法、凝结水与除盐水协调调节法、离子交换—充氮密封法、溢流换水法、缓蚀剂法、催化除氧法等。

2. 发电机内冷水中杂质的来源

对于大型发电机组,只有定子绕组和铁芯采用水冷却。水冷的原理是将纯水通入发电机内部的定子绕组,以线棒组上的空心导线作为冷却水通道,通过水的不断循环流动带走导线产生的热量,使定子绕组的温度保持在允许范围内。

发电机内冷水采用除盐水或凝结水,pH值较低,金属铜、铁在水中遭受的腐蚀是随着水溶液 pH 值的降低而增大的。此外，补充水带入、运行过程中水冷器的泄漏以及水冷器投运前未经冲洗或冲洗不彻底等，都会使内冷水中存在铁、铜以及 Cl^-、SO_4^{2-} 等杂质，而且浓度越来越高，这对发电机的安全运行是一种威胁。

因此，大型发电机组内冷水系统都带有内冷水处理装置，对冷却水进行连续净化处理，以保证冷却水的水质符合发电机组的要求。

3. 空心铜导线堵塞

铜的腐蚀产物在水中的溶解度与水的温度和 pH 值有关。水的温度越高，pH 值越高，铜的溶解度就越低。假如内冷却水的 pH 值为 6.9，水进入导线的温度为 35℃，经过铜导线后，水的温度增加 10℃，即 45℃。这时，铜的溶解度就从 $30g/(m^2 \cdot d)$ 下降到 $16g/(m^2 \cdot d)$。由于溶解度的降低，水中的铜就可能达到过饱和状态而析出，产生沉积物。水的 pH 值越低，铜的溶解度随温度的变化越大。也就是说，水中的铜经过空心导线加热后，析出的程度就越严重。因此，保持弱碱性条件，溶解度变化较小，水中的铜较稳定。

沉积在水中的铜腐蚀产物，在定子线棒中被发电机磁场阻挡，可能导致空心导线逐渐被铜氧化物堵塞或通流截面减小，引起发电机绕组温度上升，甚至烧毁。因此，必须采取措施防止发电机空心铜导线的腐蚀。

(二) 发电机内冷水水质要求

发电机内冷水应采用除盐水或凝结水，当发现汽轮机凝汽器有循环水漏入时，内冷却水的补充水必须用除盐水。

为防止内冷水系统腐蚀和堵塞，内冷水水质应符合《大型发电机内冷却水质及系统技术要求》(DL/T 801—2010) 的规定。该标准根据过流材质(铜和不锈钢)、冷却形式的不同，详细规定了不同情况下的水质控制标准。

有关内冷水水质控制指标的说明如下。

(1) pH 值。控制 pH 值是为了防止内冷水对铜导线等金属材料产生腐蚀。因为腐蚀产物会在水流通道内积累成垢，降低传热效率，阻碍冷却水流动，同时有可能产生更严重的腐蚀。

(2) 溶解氧。通过控制内冷水 pH 值和溶解氧含量，可以有效控制铜导线的腐蚀。

（3）含铜量。指导内冷水水质的调整方法，判断处理效果，以控制铜导线的腐蚀。

（4）电导率。保证冷却水的纯度满足要求。如果冷却水的纯度不高，一方面会引起杂质在系统内的沉积，另一方面会因水的电阻率降低而影响发电机绕组的绝缘。

需要说明的是，新标准没有规定硬度和氨的控制值。但是，发电机内冷水采用凝结水时，为保证内冷水系统不会发生结垢问题，在日常监督中必须严格控制硬度，确保硬度不大于 $2\mu mol/L$；至于氨浓度，目前大中型火电厂凝结水的氨含量都远低于要求值，可以不作为日常监测指标。

（三）发电机内冷水处理系统技术要求

新投运的机组，宜采用下列配置。

（1）不推荐对内冷却水添加缓蚀剂以调控水质，可通过设置旁路小混床等设备和当前的新装置以及运行技术，控制、提高内冷却水质，防止或减少空心导线的腐蚀和堵塞。非常必要时，可依具体情况添加缓蚀剂，但必须密切监视药剂浓度和添加后的运行参数。

（2）内冷却水系统宜采用水箱充气的全密闭式系统，推荐充以微正压的纯净氮气。

（3）内冷却水系统的进水端应设置 $5\sim10\mu m$ 的滤网。

（4）内冷却水系统应设置旁路小混床或其他有效的处理装置，按水质指标要求进行运行中的具体调控。系统设计或混床结构应能严格防止树脂在任何运行工况下进入发电机。

（5）定子、转子的内冷却水应有进出水压力、流量、温度测量装置，定子还应有直接测量进出发电机水压差的测量装置。

（6）内冷却水系统应设置完整的反冲洗回路。

（7）内冷却水系统应有电导率、pH 值的在线测量装置，并传送至集控室显示。

（8）内冷却水系统的管道法兰和所有接合面的防渗漏垫片，不得使用石棉纸板及抗老化性能差（如普通耐油橡胶等）、易被水流冲蚀或影响水质的密封垫材料，并应采用加工成型的成品密封垫。

(9) 内冷却水系统在发电机绕组的进出口处，设置进出水压力表和进出水压差表；在发电机出水端管段的适当位置，设置 pH 值、电导率、含铜量等化学就地取样点。

已投运的机组，宜在大修和技改中逐步实施、完善。

二、循环冷却水处理

(一) 循环冷却水处理概述

1. 循环冷却水处理的目的和方法

循环冷却水处理是为了抑制冷却水系统中沉积物的附着、设备腐蚀和微生物的大量滋生，通过降低水中的杂质，向水中投加某些药剂等手段，使水质趋于稳定的过程。

循环冷却水处理常用方法有加硫酸处理、石灰软化法、弱酸树脂的离子交换法、投加阻垢剂、添加杀生剂、硫酸亚铁成膜处理等。

2. 循环冷却水中杂质的来源

循环水中含有悬浮物、胶体、高浓度的无机盐、有机物和微生物等。这些杂质的来源主要有以下 3 个。

(1) 来自补充水。循环冷却水的补充水采用天然水、再生水或其他回收水，补充水中含有无机盐、悬浮物、胶体、有机物等杂质。

(2) 在冷却塔内由空气带入的。在循环水与空气的逆流传热过程中，同时发生水对空气的洗涤作用，空气中的灰尘随之进入冷却水体。空气向水体传质的量很大，以 135MW 机组为例，循环冷却水量约为 11900m^3/h；冷却塔进出水温差为 10℃；将 1kg 循环水的温度每降低 1℃ 需要 0.2m^3 的空气，国家环境空气质量二级标准的总悬浮颗粒物 (TSP) 值为 0.3mg/m^3，由此估算每天进入水体的悬浮物的量达到 171kg。与此同时，进入水体的还有砂粒、树叶、微生物以及二氧化硫、硫化氢、氨等可溶解气体。

(3) 循环水在循环过程中自生的，主要是细菌、藻类和生物黏泥等杂质。空气中带入的微生物源进入水中后，随着水的循环进入冷却水系统的各个部分。在沉积物积聚区域，由于高温以及氮、磷、硫、有机物等高营养源，使得微生物在这些区域的繁殖异常迅速。即使没有新的微生物带入,在这些区域微生物仍可生长和扩大,不断产生微生物黏泥。

3. 循环冷却水水质变化特点

补充水进入循环冷却系统后,水质将发生如下变化。

(1)浊度增加。在冷却塔中,水与空气反复接触,空气中的尘埃进入冷却水中,其中80%左右的尘埃沉积在冷却塔底部,通过底部排污带出系统,另外20%左右的尘埃仍悬浮于水中。

(2)CO_2散失。冷却塔类似除碳器,在这里水中的CO_2会逸出。

(3)含盐量增加。这也是由水的蒸发浓缩引起的,冷却水含盐量约为补充水含盐量的k倍。这里k是指浓缩倍数(或浓缩倍率),即循环冷却水中的含盐量或某种离子的浓度与新鲜补充水中的含盐量或某种离子浓度的比值。

(4)pH值升高。由于CO的损失和碱度的增加,冷却水的pH值总是高于补充水的pH值。开式循环冷却水的pH值一般为8~9。

(5)溶解氧增加。水在冷却塔内喷射曝气,水中溶解氧大量增加,达到氧的饱和浓度,因而循环水对设备有较强的腐蚀性。

因此,循环冷却水处理的任务是阻垢、防腐和杀生。

(二)循环冷却水处理方案选择

冷却水处理系统的选择应根据冷却方式、全厂水量平衡、水源水量及水质等因素,经技术经济比较确定。应全面考虑防垢、防腐和防菌藻及水生物的滋生因素,选用节约用水、保护环境的处理系统。

循环冷却水处理方案的选择可参考下列原则。

(1)循环冷却水系统应根据全厂水量、水质平衡确定排污量及浓缩倍率。浓缩倍率设计值一般宜为3~5,缺水和环保要求高时,经技术经济比较,可适当提高。

(2)直流冷却水系统如有结垢倾向时,可根据具体情况采取水质稳定措施。

(3)循环水系统补充水碳酸盐硬度不高时,可采用加阻垢剂法、加硫酸法;循环水补充水碳酸盐硬度较高时,可采用补充水石灰软化法、弱酸树脂离子交换或钠离子交换法,也可采用循环水旁流石灰软化法、石灰—碳酸钠软化法、弱酸树脂离子交换或钠离子交换法，同时应与加阻垢剂法联合使用；在节水和环保要求高、特殊水质条件时，经技术经济比较，可采用膜处理方法。

（4）加药种类和加药量应根据模拟试验确定，药品种类应满足冷却水排放及后续水处理系统水质要求。

（5）石灰软化法宜选用高纯度消石灰粉。石灰软化系统出水应加酸调整pH值。

（6）弱酸树脂再生剂应根据药品供应情况、耗量等因素确定选用硫酸或盐酸。

（7）旁流处理水量应通过计算确定，宜控制在循环水量的1%~5%。

（8）选择旁流处理工艺时，应考虑循环水中所含高浓度药剂的影响。

（9）为抑制铜管凝汽器腐蚀，宜设置硫酸亚铁（或其他药品）成膜处理设施。加药点宜靠近凝汽器入水口。

（10）冷却水的杀菌及其他生物处理应根据机组容量、冷却方式及水质条件等因素，选择采用加二氧化氯、次氯酸钠、液氯、有机杀菌剂等方式，杀菌剂药品与阻垢剂、缓蚀剂间不应相互干扰。投加方式可采用间断加药法，对菌藻污染严重的水源，宜进行连续加药处理。加药点位置为循环水泵吸水井或循环水泵房取水口。次氯酸钠药品可采用外购药品方式，或采用电解食盐、电解海水方法获得。对于季节性加药时间较短的电厂，且循环水量较小时，可采用临时加药方式，不设加药设备。

（11）当采用再生水或其他回收水作为循环水补充水水源，水质满足要求时，可直接补入循环水系统，否则应进行深度处理。

（12）凝汽器管材应根据冷却水质合理选用，可参照《发电厂凝汽器及辅机冷却器管选材导则》（DL/T 712—2021）执行。当采用再生水或其他回收水作为循环水补充水时，凝汽器管及辅机冷却器宜选用合适牌号的不锈钢材质，必要时可进行试验确定。

采用海水循环冷却的凝汽器管宜选用钛材，同时添加高效阻垢剂、缓蚀剂及杀菌剂，并根据试验确定合适的浓缩倍率。

（13）当循环冷却水中的SO_4^{2-}含量过高时，应考虑SO_4^{2-}对水工构筑物的侵蚀问题。

三、废水处理

(一) 废水处理概述

1. 废水处理的目的和方法

火电厂废水处理是为了控制废水进行综合利用或达标排放的水质，借助物理手段、化学或生化反应去除废水中污染物的过程。

火电厂废水处理正在由过去的以排放为主向以综合利用为主转化。火电厂是用水量最大的工厂之一，在北方工业基地和城市电厂新、扩、改建工程中，水资源短缺成为主要的制约因素，已出现以水定厂的现象。火电厂也是排水大户，随着环保法规越来越完善，对火电厂废水排放的控制也越来越严格。目前，我国已实施征收水资源费、用水收费、排水收费、排水污染超标收费等制度，同时在调整各类用水排水定额收费制度，逐步实现对用户发放用水、排水许可证，实现定额管理。因此，控制火电厂排水量、排水污染，加强废水治理、废水资源化，是当前电力行业面临的紧迫任务。

火电厂废水处理方法包括中和、混凝、沉淀、澄清、气浮、过滤、石灰处理、生化处理、杀菌、超滤和反渗透等。在电厂废水处理应用中，常根据废水水质特点、处理后水质要求，将上述方法组合成各种废水处理系统。

2. 废水中的污染物

电厂废水的种类很多，水质、水量差异较大。按照废水的排放频率划分，废水分为经常性废水和非经常性废水；按照废水的来源划分，废水主要包括循环冷却水排污水、冲灰（渣）水、机组杂排水、脱硫废水、化学水处理废水、煤泥废水、生活污水、化学清洗废水等。

(二) 废水排放标准

火电厂工业废水集中处理排放标准应符合《污水综合排放标准》(GB 8978—1996)。该标准按照污水排放去向，分年限规定了69种污染物的最高允许排放浓度和部分行业的最高允许排水量。

在《污水综合排放标准》(GB 8978—1996) 中，将排放的污染物按其性质及控制方式分为两类。

（1）第一类污染物是指能在环境或动植物体内积蓄，对人体健康产生长远不良影响的污染物。此类废水，不分行业和排放方式，也不分受纳水体的功能类别，一律在车间或车间处理设施排出口采样。

（2）第二类污染物是指其长远影响小于第一类的污染物质，在排污单位排出口采样。按照废水排入水域的类别（包括海水水域），将污染物最高允许排放浓度分为3级，即通常所讲的"一级标准""二级标准""三级标准"。

第五章　城市污水处理及其建设工程

第一节　城市污水处理的工艺技术及建设模式

一、城市污水处理的工艺技术

目前，我国城市污水处理新工艺层出不穷，并吸收了国外一些先进的理念和技术，形成了一些适应中国国情的技术，这对解决和控制水体被污染起到了重大作用。但是，我们从当前国际上污水处理发展的现状来看，真正革命性的发明尚未出现，并不存在适用于任何场合、有百利而无一害的污水处理技术，其每种工艺都有一个适用性的问题。了解国内外常见的污水处理工艺，对其利弊进行客观辩证的分析，因地制宜地合理选择适用技术，对我们的城市污水处理工程设计和建设都有着重要意义。

污水处理采用的工艺技术是污水处理厂的核心部分，污水处理采取的工艺与很多因素有关，如进水水质、出水要求、处理量及投资大小等，甚至还与气候有关。目前，国内外常用的处理技术有以下几种：活性污泥法、氧化沟工艺、A/O工艺（Anoxic/Oxic，改进的活性污泥法）、A2/O工艺（Anaerobic-Anoxic-Oxic，生物脱氮除磷工艺）、AB工艺（Adsorption Bio-degradation，生物吸附氧化法）及SBR工艺（Sequencing Batch Reactor Activated Sludge Process，间歇式活性污泥法）等。

（一）城市污水处理厂的工艺选择

城市污水处理厂的工艺选择可以概括为"技术合理"4个字。城市污水处理厂的主要内涵分为以下几点。

1. 先进性

先进性主要是指城市污水处理厂具备高效的处理效果，达到或优于国家标准规定的处理水质指标，这是污水处理最重要的目标，也是污水处理厂产品的质量要求。城市污水处理厂充分地考虑了氮、磷等营养物的去除效率，这对保护水环境和污水的再生利用有着重要意义。

2. 实用性

节省工程投资是城市污水处理厂建设的重要前提。城市污水处理厂通过合理地确定处理标准，选择简洁紧凑的处理工艺，尽可能地减少了占地，降低了地基处理和土建的造价。同时，城市污水处理厂充分地考虑了节省电耗和药耗，把运行费用减到了最低，这对我国现有的经济能力来说尤为重要。好的经济指标是先进性的重要体现。

3. 成熟可靠

合理把握工艺先进性和成熟性（可靠性）的辩证关系，城市污水处理厂应重视技术经济指标的先进性，同时充分地考虑适合国情和工程的性质。城市污水处理工程不同于一般的点源治理项目，它作为城市基础设施工程，具有规模大、投资高的特点。城市污水处理的工艺选择必须注重成熟性和可靠性，因此我们强调技术的合理，而不是简单地提倡技术先进，必须把技术的风险降到最低。我国最新颁布的城市污水处理技术政策中规定，"对在国内首次应用的新工艺，必须经过中试和生产性试验，提供可靠设计参数后再进行应用"也是强调了可靠性的原则。

4. 易于管理

城市污水处理是我国的新兴行业。在工艺选择过程中，城市污水处理必须充分考虑到我国现有的运行管理水平，尽可能做到设备简单，维护方便，适当采用可靠实用的自动化技术。同时，城市污水处理应特别注重工艺本身对水质变化的适应性及处理出水的稳定性。某些工艺尽管技术经济指标先进，但对运行管理有过分精细的要求，或完全依赖于全自动化运行，因此并不适应现阶段的国情，尤其难以适用于中小城镇。事实上，任何一种工艺都有利有弊，关键就在于适用性如何。在工程实践中，我们应该具体情况具体分析，因地制宜，综合比较，取长补短，并做出较为优化的选择。

5. 二次污染少

由于城市污水处理厂处理的水量大，其在处理废水的同时，也产生了大量的污泥，这不仅给污泥的后处理增加了处理成本，而且易形成二次污染。在运行状态不好时，城市污水处理会产生大量的泡沫及臭味，形成新的污染源。在选择处理工艺时，城市污水处理厂充分考虑产泥量少及产生二次污染少的工艺是相当必要的。

(二)污水处理工艺的比较

1. 一级强化处理技术

一级强化处理技术分为两类：侧重于物化机理和侧重于微生物的絮凝吸附原理。

(1)活性污泥法。活性污泥法是根据絮凝动力学和生物吸附理论，提出"絮凝吸附—沉淀—活化"的城市污水强化一级处理工艺。该工艺对污染物去除的强化作用主要包括3种：污泥的絮凝、吸附和生物代谢，并以前两者的作用为主。该工艺的特点是未经沉淀的生活污水原水与生物污泥同时进入混合反应器(絮凝吸附池)。两者在机械搅拌作用下充分地混合，经充分絮凝吸附反应后，大量污染物质被絮凝吸附进入污泥絮体，出水进入沉淀池，实现固液分离，而沉淀池出水就是最终出水。为了恢复沉淀池饱和污泥的生物絮凝吸附活性，污水处理厂会将沉淀污泥短时间曝气活化，以部分降解吸附的有机物，产生适量的微生物絮凝物质，改善污泥的沉降性能。同时，污水处理厂会保持污泥的好氧状态，避免变黑、发臭，此过程在污泥活化池里进行，能耗远低于二级生物氧化反应。该工艺是适用于环境状况亟待改善而经济欠发达地区的一种新型实用技术。

(2)混凝沉淀强化法。混凝沉淀强化法目前主要应用于给水处理和部分工业废水处理。该工艺由于需要投入大量的混凝剂且污水水质常常急剧变化，就限制了其在城市污水处理领域中的应用，一般仅应用于城市污水的深度处理中。近年来，随着我国许多新型、高效、廉价的混凝剂的出现和自动化技术的广泛应用，混凝沉淀强化法与污水生物处理法相比，具有了较强的竞争力。此外，经强化一级处理后的污水再进行二级处理时，停留时间可以大大缩短，减少能耗，并提高出水水质。

2. 二级处理工艺

二级处理工艺流程的发展主要是在原有的传统处理工艺流程上，进行某一个方面的强化处理，使处理水的某一个或某几个指标达到一定标准。

(1)SBR工艺。SBR工艺即间歇活性污泥法，它由一个或多个曝气反应池组成，污水分批进入池中，经活性污泥净化后，上清液排出池外即完成一个运行周期。每个工作周期的顺序是完成进水、反应、沉淀及排放4个工艺过程。SBR工艺的特点是具有一定的调节均化功能，可缓解进水水质及水量波动对系统带来的不稳定性。该工艺处理简单，处理构筑物少。曝气反应池集曝气、沉淀、污泥回流于一体，可省去初沉池、二沉池及污泥回流系统，且污泥量少，易于脱水，控制一定的工艺条件可达到较好的除磷效果。但是，该工艺也存在自动控制和连续在线分析仪器仪表要求高的缺点。

（2）MSBR工艺。MSBR（Modified Sequencing Batch Reactor，改良式序列间歇反应器）工艺经过不断改进和发展，目前最新的是第三代工艺。MSBR工艺的特点是系统从连续运行的单元（如厌氧池）进水，从而加速了厌氧反应速率，其改善了系统承受水力冲击负荷和有机物冲击负荷的能力。同时，MSBR工艺增加了低水头、低能耗的回流设施，这极大地改善了系统中各个单元内MLSS（Mixed Liquor Suspended Solids，混合液悬浮固体浓度）的均匀性。MSBR系统是由A2/O系统与SBR系统串联组成，并集合了两者的全部优势，其出水水质稳定、高效，并有极大的净化潜力。

（3）UNITANK系统。SEGHERS（SEGHERS ENGINEERING WA ' 11Eli NV, 比利时史格斯清水公司）公司提出的UNITANK（一体化活性污泥法）系统是SBR工艺的又一种变形和发展，它集合了SBR工艺和传统活性污泥法的优点，一体化设计。该系统不仅具有SBR系统的主要特点，还可以像传统活性污泥法那样在恒定水位下连续运行。UNITANK系统的特点是构筑物结构紧凑、一体化。该系统可根据好氧过程的DO（Dissolved Oxygen，溶解氧）检测与缺氧和厌氧过程的ORP（Oxidation Reduction Potential，氧化还原电位）在线检测，通过改变供气量，切换进出水阀门，改变好氧、缺氧及厌氧的反应时间等。该系统高水平地实现了系统的时间和空间控制，高效地去除污水中的有机物及脱氮除磷，且水力负荷稳定。交替改变进水点，可以相应改善系统各段的污泥负荷，进而改善污泥的沉降性能。脱氮除磷的过程，是通过抑制丝状菌生长控制污泥膨胀。三个池可以被完全加盖封闭或建在地下，废气可以收集处理，这既有利于布置及保温，又避免了系统对周围环境产生的不良影响。目前，我国石家庄高新技术产业开发区污水处理厂日处理污水10万吨，就是采用的该工艺。

3. 三级处理工艺

目前，我国用得比较多的三级处理工艺可以分为：常规工艺、MBR 工艺和 LM 深度处理工艺。

（1）常规工艺。常规的三级处理工艺是在生物处理之后增加混凝、过滤及消毒等常规处理的过程。例如，砂滤、滤膜、反渗透、UV 消毒、液氮及臭氧消毒等。一般来说，这些处理方式的单位水处理成本比较低，在经济上比较可行。

（2）MBR 工艺。MBR 又称为"膜生物反应器"，它既利用了膜分离的选择性和高效性，又利用了生物处理工程的有效性和彻底性，将水中的有害物质最大限度地除去。MBR 工艺的特点是用膜分离系统代替了普通活性污泥法中的二沉池，减少了传统工艺大部分的处理单位，节省了大量投资，并且耗能和一般传统的水处理工艺相近。污水在处理设备中的停留时间短，对 COD（化学需氧量）及 NH3-N（氨氮含量指标）的去除率极高，该技术的出水水质达到了生活杂用水水质的标准。

（3）LM 深度处理工艺。LM 深度处理工艺是一种全新的生态处理工艺，其在厌氧池加好氧的基础上，加入了改进的曝气氧化塘和高效湿地两个深度处理单元，使出水水质达到了生活杂用水的标准。LM 深度处理工艺的流程是：生物厌氧池—封闭好氧池—开放好氧池—澄清池—人工湿地—UV 消毒—蓄水池—回用。或者，该方法可以接触氧化池和生态氧化槽代替封闭好氧池与开放好氧池。LM 深度处理工艺的特点是剩余污泥少、运行费用低、管理方便，还具有美化景观的功能，同时，该方法和其他水处理工艺相比较经济。

4. 脱氮除磷工艺

（1）A2/0 工艺。A2/0 工艺为厌氧—缺氧—好氧生物脱氮除磷工艺，该工艺对 BOD（生化需氧量），SS（固体悬浮物），氮、磷都有很高的去除效果，因此又称为"生物脱氮除磷工艺"。

A2/0 工艺将生物反应池分为厌氧段、缺氧段和好氧段。在厌氧段中，回流污泥中的聚磷菌释放磷，同时 BOD_5 得到部分去除；进入好氧段，聚磷菌又变本加厉地吸收磷，污泥成为高磷污泥，通过排放剩余污泥的方式，将磷去除，BOD_5 得到更进一步去除。同时，NH3-N 被硝化，通过含硝酸盐混合液的内回流方式，使其 NH2-N 在缺氧段进行反硝化脱氮。因此，该工艺具有同时生物脱氮、除磷的功能。A2/O 工艺处理效率较高，适用于要求脱氮除磷的大中型城市污水处理厂，但基建费和运行费均高于普通活性污泥法，运行管理要求高。因此，当处理后的污水排入封闭性水体或缓流水体引起富营养化从而影响给水水源时，城市污水处理厂才会采用该工艺。

（2）A/O 工艺。A/O 工艺是城市污水生物脱氮技术的一种。这种工艺是在曝气池前增加厌氧、全混合反应池，原污水经过预处理后在这个池内与回流污泥充分混合。A/O 工艺的特点是处理的水质好，氮、磷的含量都较低，且不需要再增加脱氮除磷的三级处理工艺。该工艺的剩余污泥量较一般生物处理系统少，沉降性能也好，并易于脱水。但是，该工艺对没经过硝化处理的污水不适用，同时由于回流污泥中有硝酸盐及亚硝酸盐的存在，将阻碍磷在厌氧池内的溶解。

（3）UCT 工艺。在 A/O 工艺中，污泥回流很难保证 100%不含硝酸盐及亚硝酸盐。为了彻底排除硝酸盐及亚硝酸盐对除磷的干扰，UCT（University of Cape Town）工艺不将污泥回流到磷释放池，而是回流到其后的反硝化池。

5. 氧化沟工艺

氧化沟工艺是传统活性污泥法的变形，其在本质上、机理上仍属于活性污泥法。但氧化沟工艺与传统活性污泥法相比较又有它的特点，并且自成系列，也出现了多种工艺形式。传统活性污泥法的最早形式混合液流态是推流式。氧化沟是呈封闭环状沟，因此将池改为沟，混合液在沟内无终端循环流动，也可称为"连续循环曝气池"或"折流循环曝气池"。氧化沟的特点是除混合液封闭循环流动外，将传统鼓风曝气改为表面曝气。典型的氧化沟污泥负荷低，污泥龄长，除污泥得到净化外，污泥量少而且稳定，缓冲能力强，能承受冲击负荷。氧化沟的构造简单，易于维护管理。氧化沟工艺从运行方式上分为连续工作式、交替工作式和半交替工作式。从国内外城市污水处理厂实例来看，各国运用较多的主流池型有：卡鲁塞尔氧化沟、奥贝尔氧化沟及一体化氧化沟等。

（1）卡鲁塞尔氧化沟。卡鲁塞尔氧化沟是一种单沟式环型氧化沟，在氧化沟的顶端没有垂直表面曝气机，兼有供氧和推流搅拌作用。污水在沟道内转折巡回流动，处于完全混合形态，有机物不断氧化得以去除。该氧化沟一般没有独立的沉淀池和污泥回流系统。

卡鲁塞尔氧化沟具备一般氧化沟的共同优点，工艺流程简单，抗冲击负荷能力较强，出水水质较稳定。卡鲁塞尔氧化沟的独特之处分为以下几个方面：一是在处理某些工业废水时，尚需预处理，但在处理城市污水时，不需要预沉池；二是污泥稳定，不需消化池可直接干化；三是工艺稳定可靠；四是工艺控制简单；五是系统性能显示，BOD 降解率达 95%～98%，COD 降解率达 90%～95%，同时具有较高的除磷脱氮功效；六是系统不再使用卧式转刷曝气机，而是采用立式低速搅拌机，沟深可增加到 5 m 甚至 8 m，从而使曝气池的占地面积大大减小；七是氧化沟从"田径跑道式"向"同心圆式"转化，池壁公用，降低了占地面积和工程造价。

由于表曝机数量少，卡鲁塞尔氧化沟的沟内混合液自由流程很长，由亲流导致的流速不均有可能引起污泥沉淀，并影响运行效果。卡鲁塞尔氧化沟难以避免供氧和搅拌的矛盾，尤其在进水水质较淡的情况下，为节能须降低表曝机的转速，但会急剧地减弱搅拌能力，这无疑是雪上加霜，会导致严重沉淀，淤积污泥。对于大中容积的氧化沟，水深不宜超过 3.5 m，否则应增设水下推进器，而投资和成本会有所增加。单沟氧化沟平均溶解氧宜维持在 2 mg/L，并且其单点供氧强度较大，耗能稍高。而卡鲁塞尔氧化沟的结构和设备简单，管理方便，对中小规模的城市污水处理厂有一定的适用性。

（2）奥贝尔氧化沟。奥贝尔氧化沟由三个相对独立的同心椭圆形沟道组成，污水由外沟道进入沟内，然后依次进入中间沟道和内沟道，最后经中心岛流出至二次沉淀池。三个环形沟道相对独立，溶解氧分别控制在 0 mg/L、1 mg/L、2 mg/L。外沟道容积为 50%～60%，处于低溶解氧状态，大部分有机物和氨氮在外沟道氧化与去除。内沟道体积为 10%～20%，维持较高的溶解氧（2 m/g），为出水把关。污水处理厂会在各沟道横跨安装有不同数量的转碟曝气机，进行供氧，兼有较强的推流搅拌作用。

奥贝尔氧化沟具备一般氧化沟的优点：流程简单、抗冲击负荷能力强、出水水质稳定及易于维护管理，并有较好的节能性能。外沟道溶解氧平均值很低，氧的传递作用是在亏氧条件下进行的，因此具有较高的效率。由于大部分氧化和硝化反应在外沟道发生，且具有较高的反硝化率，节能效益显著。奥贝尔氧化沟通常可以节省电耗 15% 以上，具有较好的脱氮功能。在外沟道的脉冲曝气和大区域缺氧的环境下，奥贝尔氧化沟可以较高程度地实现"同时硝化反硝化"的效果，在不设内回流的条件下，其也具有较高的脱氮效率。奥贝尔氧化沟作为一种多级串联的反应器，有利于生化难降解的有机物，并可以获得较好的出水水质和稳定的处理效果。奥贝尔氧化沟采用的曝气转碟，具有较高的充氧能力和动力效率，优化控制方便，并可提高水深相对节省用地。因此，奥贝尔氧化沟作为较优化的工艺之一，可以在城市污水处理工程中推广应用，尤其适用于中小规模的污水处理厂。

(3) 一体化氧化沟。一体化氧化沟广义上是指：作为生化处理的氧化沟和沉淀池或其他类型的固液分离设施合建为同一构筑物的布置形式。目前，国内有单位推出了一体化氧化沟，其主要包括侧沟式和中心岛式两种类型。一体化氧化沟的特点是：集曝气、沉淀（泥水分离）和污泥回流功能为一体，不设单独的沉淀池。

一体化氧化沟采用曝气与沉淀的合建方式，占地较省。一体化氧化沟特殊的固液分离器，能达到较大的污泥表面负荷，相对普通沉淀池更节省用地及基建投资，省去了专门的污泥回流系统，投资和运行费用有所减少。从该技术的可靠、成熟及稳定性来看，该技术难以形成功能相对独立的厌氧、缺氧和好氧区域，对除磷脱氮要求较高的场合稳定性较差。一体化氧化沟固液分离器内斜板（或类似组件）强化了分离效果，提高了表面负荷，从而进一步减少了占地面积。但是，实践证明，由于污水污泥具有黏稠性，且易形成生物黏膜，斜管或斜板有堵塞和淤积的可能，这会增加维护的工作量。只有在理想的水力条件下，固液分离器内才会形成污泥层，通过截留作用，强化分离效果。由于污水流量和水质的变化，氧化沟内的流速和出流量总是变化的，这就造成了污泥层难以稳定，有可能会出现浮泥，并增加出水。

(三) 工艺模式的选择

在工艺选择方面，城市污水处理厂的工艺选择应根据原水质、出水要求、污水厂规模、污泥厂规模、污泥处置方法及当地温度、工程地质、征地费及电价等因素做综合考虑。污水处理的每项工艺都有其优点、特点和不足之处，有其相对合适的应用条件，不可能以一种工艺代替其他一切工艺，也不宜离开具体条件为先进而先进。在引进工艺时，我们应考虑以下几个方面。

第一，技术合理。引进的工艺应先进而成熟，对水质变化适应性强，出水达标稳定性高，污泥易于处理。

第二，经济节约，耗电小、造价低、占地少。引进的工艺应易于管理，操作管理方便，设备可靠，并与具体城市运行人力资源和管理水平相适应。

第三，因地制宜。在引进工艺时，我们应考虑当地环境容量的要求，考虑与城市规划衔接，考虑厂址的地形地貌的地质条件。

二、城市污水处理厂的建设

长期以来，我国城市污水处理厂的建设、运营一直由政府投资。为解决我国面临的扩大建设和资金不足的矛盾，国家计委在《城市污水处理及污染防治技术政策》中提出：城市污水处理设施建设应朝着投资多元化、运营市场化、设备标准化、监控自动化的方向发展。BOT（Build—Operate—Transfer，建设—经营—转让）模式是我国城市污水处理项目融资的一个发展方向。

（一）城市污水处理的投资模式

1. 国外城市污水处理的投资模式

国外的城市污水处理投资模式很多，以下主要介绍几个国家的投资模式。

（1）日本和法国。日本的下水道建设有国家实施和地方实施两种。国家实施的，设施所在地的公共团体要承担部分费用；地方实施的，地方要承担全部费用。公共下水道与终端处理厂的建造及改造资金，首先考虑政府资金优先承担，不足部分可由地方公共团体，以发行地方债的形式筹集。法国的公共污水处理系统建设有公法法人和特许的私法法人建设两种投资方式，这两种投资方式相互结合。

（2）美国。在美国，由于污水收集系统和污水集中处理系统的新建、改建、扩建与改造工程规模庞大，投资巨大，这类工程一般属于公有处理工程，由联邦和州、市、镇政府实施，资金来源于政府投资和贷款。例如，新建、改建、扩建与改造的市政污水系统采用了新的和改进的处理及管理方式，还可以获得联邦的处理工程补助金。联邦和州、市、镇政府全部或部分的投资以修建费、改建费、扩建费和管理费的形式进行回收。

(3) 英国。英国的《水法》规定，水管理局提供处理工业废水和污水处理的设备，事务大臣可下达收费和支付款项的命令。

2. 国内城市污水处理的投资模式

随着市场经济的建设和商品经济的发展，我国形成了项目投资渠道多元化和筹资多样化的局面。目前，我国主要的城市污水处理投资模式有以下几种。

(1) 政府预算模式。我国把城市污水处理纳入国家预算安排，并列入年度建设计划，包括中央财政安排的投资和地方财政范围内安排的投资。我国国家财政用于工程建设的资金一直实行国家财政拨款，建设单位无偿使用的方法。

(2) 利用银行贷款的投资模式。随着投资管理体制、财政体制和金融体制改革的推进，银行信贷资金有了较快的发展，成为建设项目投资资金的重要组成部分。申请贷款的建设单位，在对拟建项目的经济合理性、技术可行性和建设必要性等进行周密可行性论证的基础上，大中型项目至少提前半年分别将项目建议书和可行性报告送建设银行总行与有关分行进行评估。

(3) 利用外资的模式。外资的渠道包括：外国政府贷款、国际金融组织贷款、国外商业贷款、在国外金融市场上发行债券及出口信贷等。我国吸引国外资本直接投资的形式，主要包括：与外商合资经营、合作经营、合作开发以及外商独资经营等。国外资本直接投资的特点是不发生债务、债权关系，但要让出一部分管理权，并要支付一部分利润。近年来，我国在吸引与利用外资方面取得了显著的成绩。

(4) 自筹资金的投资模式。自筹资金是指各地区、各部门及各单位按照财政制度提留、管理和自行分配用于固定资产再生产的资金。自筹资金主要包括地方自筹、部门自筹、企业事业单位自筹及集体城乡个人自筹等。

(5) 利用有价证券市场的筹集模式。有价证券市场的筹集模式包括债券和股票。债券有国债、地方政府债券、企业债券及金融债券，股票有优先股及普通股。

(二)城市污水处理厂的运营模式

1. 国外城市污水处理厂的运营模式

国外城市污水处理厂的运营模式多样,但可以概括为PPP（Public-Private Partnership,政府和社会资本合作）模式。该模式的含义是通过政府部门和非政府部门之间的合作伙伴关系,进行城市基础设施建设,主要从事城市供水、供电、污水处理、垃圾处理及交通建设等。PPP模式的主要形式有服务性合同、BOT模式、经营特许权及合资公司等。服务性合同是指政府部门雇用非政府部门对已建的污水处理设施获取规定年限的经营权,经营成本和一切费用按合同规定由政府部门支付。非政府部门只负责该设施运行、维护和服务,以及规定的污水处理效果。BOT模式,即:"投资—经营—移交"(Build—Operate—Transfer)。经营特许权是指政府部门将特定区域污水处理的权利和义务（设施的扩建、运行、维修、管理等）完全授予非政府部门。政府部门的作用是制定相关处理标准、规定收费标准和监督非政府部门对污水的处理数量及效果。合资公司是指能通过政府部门和非政府部门对某一城市污水处理公司共同投资控股负责处理污水,政府既是法规制定者和调解者,也是积极参与者和受益者。一般而言,这种合作形式往往和服务性合同、BOT模式及经营特许权等结合在一起。

2. 国内城市污水处理厂的运营模式

我国城市污水处理厂的运营模式是直接投资建设,之后收取运营建设费和处理费作为国库收入上缴国库,专款专用。在国家投资建设后,会委托地方的市政公司经营,而中央与地方协商分成比例或补贴比例。而地方政府投资建设后,会交给地方市政公司经营,或以招标的方式承包给竞标者运营。由排污企业联合投资建设污水集中处理设施,由股东协商,实行法人管理或合伙型管理,而运营利润或亏损额依协议或章程进行分配。

(三) BOT模式分析

城市污水处理厂建设投资巨大,运行管理费用较高。目前,我国环境保护投资主体是国家和各级政府。据估计,我国70%以上的环保投资是国家和政府投入,这与其他国家正好相反,在其他国家,60%左右的环保支出是由企业和居民支付的。对于加大招商引资力度，改善城市投资环境，我国制定了切实可行的招商引资政策，扩大了融资渠道，为城市污水处理厂的建设及管理筹措了众多资金。因此，BOT模式是解决融资，促进污水处理建设管理水平提高的有效途径。

1.BOT模式的概念

BOT模式，即建设经营转让模式，是以项目融资为基础的工程建设形式。BOT有广义和狭义之分。广义的BOT在具体实践中，包括以下两种形式：一种是BOO（Build—Own—Operate），即"建设—拥有—经营"，此方式产权归私人所有，因此只能适合一些高营利性、垄断性及建设规模小的项目；另一种是BOOT（Build—Own—Operate—Transfer），即"建设—拥有—经营—移交"，此方式多用于一些建设周期长的大型项目，投资者拥有与经营者相对等的产权，此方式在实践中双方都持谨慎的态度。狭义的BOT意为"投资—经营—移交"，是指通过协议方式，政府将基础设施建设交由项目发起人设立的项目公司进行建设。在项目建成后，项目公司通过经营所得回收投资收益，特许期届满后，项目公司将该基础设施完好地、无偿地转让给政府。

2.BOT模式的优点

（1）解决资金不足问题。从我国经济发展的程度来看，现阶段政府投入大量资金用于环境建设是不可能的。以前污水处理的资金由国家财政投入，运营过程中所需的运行费用也由财政负担。这样的运行模式导致的结果是：由政府投入巨额资金或利用外国政府贷款来建设，建成后的大部分污水处理厂为事业单位编制，运行经费由政府拨款。这不但使大部分污水处理厂运行费用严重不足，而且导致排放的水没有达到标准，形成二次污染。目前，我国运用BOT模式可以将资金筹措的风险转移给合作的私人部门，政府部门不需要投资或者只需要投入少量的资金就可以达到建设目的。这种模式既减轻了政府的资金压力，又可以享受私人部门高效率带来的成本节约的好处。

（2）解决利用外国政府贷款的高成本。为了解决我国水污染控制的急需，以及资金短缺的压力，城市污水处理厂建设资金90%来自国外贷款，而获得国外政府贷款的最主要条件是引进货款国成套设备作为污水处理厂的配套设备。而进口设备的价格一般是国产设备的4~6倍，这样就进一步增加了城市污水处理厂的建造成本。目前，我国采用BOT模式，引进了私人投资者的资金，这样可以不受贷款条件的约束，自主选择对设备的购买或以设备资产进行投资。从目前设备的性能来看，我国已经达到了国际水平，完全可以满足城市污水处理厂建设的要求。这种方法可以节约很大一笔资金投入，同时折旧费用的减少可以提高项目的报酬率，有利于吸引更多的投资者。

（3）提高项目的运作效率。由于BOT项目投入大、周期较长，在建设、运营和最后的移交过程中面临着一定风险。对私人部门来说，为了最大限度减少或避免风险，提高项目的报酬率，其必然要对项目的建设进行科学论证及合理设计。在建设和运营过程中，城市污水处理厂运用现代化的管理方式和手段进行运作，这无疑对我国基础设施领域管理水平的提高将起到带动和示范的作用。BOT模式从根本上改变了我国基础设施管理的低效率、高成本及低质量的状况。

（4）改变我国利用外资的方式。目前，我国在外资的利用上，主要是吸引外商的直接投资和利用国外贷款两种方式。BOT投资方式的实施突破了利用外资的模式，拓宽了我国利用外资的渠道。BOT投资方式最主要的是改变了以往我国城市污水处理厂的投融资模式，引进了竞争机制，并提高了效率。

3. 我国城市污水处理存在的问题及对策

（1）我国城市污水处理存在的问题分为以下几点。

第一，政府有限的财力无法满足日益增长的城市污水的治理资金。由于城市污水治理领域的市场化程度低、投资渠道不够畅通，国内外民间、企业资本很难顺利进入城市污水治理领域。

第二，城市污水治理以政府行政事业化管理为主，缺乏有效的监督管理机制，以及缺乏有效的投入产出和成本效益核算机制，从而造成了污水处理成本高，投资浪费大。由于城市污水处理设施规划得不合理，出现了城市污水治理设施闲置的现象，这就造成了城市污水治理资金使用效率的低下。

第三，城市污水治理缺乏必要的价格调控，由于价格与价值的偏离，污水处理企业发展后劲不足，并且非政府资本进入城市污水治理市场的意愿不强。

(2)我国城市污水处理的对策分为以下几点。

第一,扩大资金来源。我国建立了与市场经济相适应的社会化、多元化及市场化的城市污水治理投资体制,吸引了许多的社会投资,形成了政府、企业、金融机构和国外资本相结合的投资机制。

第二,改革城市污水经营管理体制。我国打破了事业化的运作方式,实行了企业化经营、社会化服务、专业化管理及产业化发展等运作方式。

第三,鼓励和支持城市污水处理产业的发展。我国按照"投资者受益""排污者收费"的原则,建立了政策支持体系,形成了经济激励机制,制定了相应的收费、税收、财政、金融信贷及投融资等政策,为国内外资金提供了良好的投资环境。

4.BOT模式在我国污水处理的应用前景

在国外,BOT模式广泛应用于为全社会提供产品和服务的公共工程,许多发展中国家也采用BOT模式建设了基础设施和公共工程。目前,我国许多环保企业纷纷与政府合作,采用BOT模式建设了城市污水处理工程。在原建设部、原国家环境保护总局转发的《福建省关于推进城市污水处理产业化发展的暂行规定》中,明确了鼓励采用BOT模式投资建设城市污水处理厂的产业化发展政策。BOT模式是解决我国城市污水治理投资、运营难题的有效途径。BOT模式的有效途径主要体现在以下几个方面。

(1)新型城市污水治理的融资手段。BOT项目融资是指通过项目的资产及收益做抵押来融资。BOT项目融资具有有限追索、风险分担、信用结构等多元化的特征。这些特征使项目融资的信用结构灵活多样,债务承受能力高,风险分担合理,也使项目融资易获得较高的融资比例和较长的贷款周期。并且,这些特征非常适用于一次性投资大、回收周期长及投资回报稳定的城市污水治理工程。

BOT项目融资是现阶段城市污水治理的重要融资方式。在我国,要提高城市治理污水的水平,就要解决资金来源问题,而这正是BOT项目融资的优势所在。而且,BOT项目融资可以利用资本的杠杆效应,发挥政府有限资本的导向性作用。我们以政府资本在项目融资中占总资本10%为例,那么1元的政府资本就可以直接拉动9元的社会资本为城市污水治理服务。因此,BOT项目融资的导向作用和杠杆效应是非常明显的。

BOT 模式是推动城市污水治理产业融资体制改革的有效形式。BOT 项目融资使得大量中小社会资本进入技术密集型和资金密集型的城市污水治理领域成为可能。BOT 项目融资也是鼓励和支持社会资本与产业资本向城市污水处理市场转移的重要方式。通过城市污水治理领域融资体制的改革，我国培育了城市污水治理领域的投资主体。BOT 项目融资增强了政府和社会投资城市污水治理领域的资本实力，促进了城市污水治理产业走上良性发展的道路。

（2）新型城市污水治理设施的建设手段。BOT 工程建设是由项目公司进行工程建设、运营及移交的工程建设方式。项目公司作为工程的主体，全面负责城市污水治理设施的资金筹措、工程建设及运营管理。这种方式使得项目投资主体与运作主体相统一，从根本上解决了城市污水治理中的"委托—代理成本"问题。与工程设计招投标、工程建设招投标和工程总承包招投标形式的建设城市污水治理设施相比，BOT 招投标从制度上克服了低价竞争和高质量工程之间的矛盾。

BOT 工程建设降低了政府在城市污水治理建设中因"信息不对称"而造成的风险。城市污水治理设施建设与其他城市基础设施建设有很大的不同。在城市污水治理设施建设中，政府既要审核工艺路线、工艺设备，还要审查 HRT、生化和物化处理方式、污泥出路及调试、运转管理等各个环节，而政府在这些环节完全处于信息劣势的地位。由于城市污水处理工艺的特点，其建设中的各个环节甚至是一些重要细节都对设施的正常运行产生影响。由于信息的不对称，既增加了城市污水治理设施建设的技术风险，也影响了资金的使用效率。而 BOT 工程建设把项目投资主体与项目运作主体合二为一，政府只负责污水处理结果的监控，这大大地降低了监督成本，并把风险转移给了项目公司。项目公司作为风险主体，不仅要通过加强自律行为提高项目管理的效率，控制风险；还要通过不断的技术进步和科学管理，减少技术风险。

（3）实现城市污水治理产业化及市场化的有效方式。BOT 模式改善并明晰了城市污水治理厂的产权结构，明确了政府（特许经营权授予方）、项目发起人、项目公司及运营公司之间的职责，形成了城市污水产业协调运转、有效制衡的经营管理机制。BOT 模式促进了政府职能的转变，这有利于改善行政主管部门的执法力度，以及加强污水处理企业的自律行为。BOT 模式不仅促进了城市的污水治理企业进行技术革新和科学管理，还降低了污水治理的成本，实现了城市污水处理产业的良性发展。项目公司要以运营收入来偿还借款，并实现盈利，因此作为项目运作主体的项目公司，有追求以最低成本运营城市污水处理设施的动力。项目公司通过采用先进的工艺技术，利用高新技术改造污水处理设施，采用自动控制及实行科学管理等手段提高生产效率，降低了运营成本，提高了市场竞争能力。因此，BOT模式实现了政府与企业双赢的局面。

第二节 城市污水处理厂的运行技术

一、城市污水处理厂运行技术研究进展

随着可持续发展理念在社会各领域的广泛应用，我国污水处理行业也发生了巨大的调整，正在向企业化和产业化的方向发展。根据上面的分析，我们可以看出，污水处理工艺能耗偏大，可以从系统优化、评价指标调整、界定能耗边界等方面进行优化，从而实现能耗控制的目标，所以城市污水处理厂在节能方面上升的空间比较大，未来的发展前景良好。目前，整个社会都在全面开展节能降耗、减污增效活动，城市污水处理厂的节能过程也备受人们关注，当前此方面出现了大量的研究成果，具体体现在：创新污水处理工艺；应用节能设备和材料，利用高效药剂，提高污泥处理能力；回收利用污水和污泥。

（一）污水处理系统在工艺上的创新和改进

污水处理系统的研究，目前的研究主要集中在工艺方面，在运作传统处理工艺的基础之上，又设计和创新了很多能耗小的新工艺。这些新工艺费用低、成本可控，被很多城市污水处理厂所应用，比如微生物处理技术，利用微生物处理能够有效地降低能耗，包括厌氧—好氧技术、水解—好氧技术、流化床等。其中，厌氧—好氧技术是当前研究者最看重的工艺，并对此进行了深度开发，已经开发出了第三代厌氧反应器，在降低能耗方面效果非常显著。有的研究者是从我国现有的污水处理工艺方面进行全面剖析，结

合城市污水处理的具体要求，提出了可操作性比较强的发展路线；有的研究者研究的重点是污水回收利用技术，通过技术创新，能够提升水资源的利用效率；有的研究者从自然净化能力方面进行研究，希望通过自然净化的功能创新提升污水处理；有的研究者提倡人工生物和自然净化相结合对污水进行处理，提高污水处理的成本可控能力。

随着研究的深入，研究人员推出了一系列的新工艺，提高了污水处理能力。例如，荷兰的实验室在研究中发现了一种氨氮转换技术，该技术直接应用于污水处理过程中，利用氧气把氨氮直接转换为氮气，这种技术转换速度快、成本低、效率高，如果此种技术能够广泛地应用于污水处理过程，就能够有效地控制生物脱氮过程中能量和资源的消耗。

(二) 节能设备与节能材料的投入

投入节能设备，是提高污水处理率、降低污水处理厂成本的有效方法之一。随着污水处理新技术和新发明的不断出现，污水处理能力得以大幅度提升，很多污水处理厂纷纷引入了新设备和新技术，并取得了良好的成效，如溶解氧在线监测仪、变频调速器、自控技术等。著名学者 Reardon（里尔登）和 Burris（贝尔雷斯）研究的重点是污水处理厂在污水处理过程中电力能耗方面的问题，两位学者对各单元所用的设备进行了长时间的全面监测，获得了大量的一手数据，数据分析的结果表明，在污水处理能耗中，电耗所占比重非常高，污水处理厂可以引入高效变频技术来控制此方面的能耗。

Prindle 和 Buell 在研究中指出，影响污水处理能耗的因素非常多，因此应该从整体上对其能耗进行分析，制定出切实可行的降低能耗措施，才能达到真正控制能耗的目的。污水生物处理最关键的环节是曝气系统，该系统也是能耗最大的系统，对待系统节能研究关键在于两个方面，一是溶解氧控制节能技术，二是曝气设备新技术。随着自动化技术的不断更新换代，该系统也实现了快速发展。Qisson 和 Aaderws 两位学者在此方面进行了深入研究，并取得了良好成效。后来的学者在上述两位学者研究的基础上做出了进一步研究，特别是在溶解氧控制使用的过程中，引入了模糊逻辑控制策略，该策略的使用，提高了溶解氧控制能力，并达到了节能的目标。在曝气设备的研究中，很多污水处理厂引入了微孔曝气器，该设备能够有效地提升传氧速率、节约风量，据相关实验证明，该设备的应用能够节约20%以上的电量。EPA从多个方面深入地研究了该设备的运行效果，包括该设备的运行效率、影响其运行的各因素等。研究结果表明，该设备在能耗方面具有明显的节能作用。

（三）污泥处理单元使用高效药剂

加入大量药剂是当前污水处理厂污泥处理的普遍做法，这些药剂使用量大、价格昂贵，增加了污水处理厂的处理成本。在污泥脱水过程中，节能主要体现在两个方面：一方面，控制设备的耗电量；另一方面，控制药剂的使用量。常用的污泥处理药剂有两个类型，一个是混凝剂，另一个是助凝剂，两类药剂的功能就是改善污泥颗粒的物理性质，实现污泥有效脱水。其中，混凝剂是PAM或者PAC，助凝剂则是石灰等，是污水处理厂最常用的药剂。这些药剂都是人工合成的，从人体生命健康来看，具有一定的毒性。并且在自然条件下，这些药剂很难降解。虽然利用这些药剂能够对污泥脱水进行有效处理，但不利于后续处理和生态环境的保护。所以，很多研究者希望通过一些天然的高分子改性混凝剂，来解决上述问题。随着研究的不断深入，研究者在此方面也取得了显著成效，找到了很多脱水效率比较高的无毒素、易降解的物质，如纤维素类、蛋白质类等物质的衍生物。

（四）污水、污泥的资源化利用

资源回收利用是污水处理行业运作的根本目的之一，只有实现资源充分的回收和利用，才能提高该行业能量自给能力，提高行业节能减耗能力。对于污水处理厂资源能够回收利用方面，主要集中在物料和能量的循环再利用，包括处理水和剩余污泥的回收与利用方面。

中水回用是处理污水、实现污水再利用的最有效方法。当前水资源短缺已经成为全球性的问题，中水回用在缓解水资源短缺方面具有重要意义，同时还能够降低能源的浪费。美国中水回用率比较高，很多污水处理厂均实现了中水回用，缓解了当地水资源匮乏问题。我国部分大型的污水处理厂在中水回用方面也取得了显著成效，中水回用工程应用比较普遍。中水回用技术并不是说各个污水处理厂都能适用，首先，该技术受水质影响；其次，该技术受地域条件限制。所以，在使用该技术之前，要对当地的实际情况进行深入调研，制定出切实可行的中水回用方案，才能让该技术功能得以充分发挥。当前，很多污水处理厂在污水处理的过程中使用了活性污泥法，该方法能够产生很多剩余污泥，这些剩余污泥也是资源，如果处理得当，就能实现二次使用，并能产生一定的经济效益。在传统模式下，剩余污泥的处理就是填埋或者焚烧，这种做法会造成资源的严重浪费，同时会对生态环境造成严重的二次污染，所以学术界对此问题非常重视，并在不断地探讨污泥回收利用的最有效方法，当前的方法主要体现在两个方面：一方面，利用污泥厌氧产生的消化气；另一方面，利用其焚烧产生的热量。

针对污泥燃烧产生热量的充分利用，研究者对此进行了广泛研究，提出了很多可行性比较强的方法，比如，在焚烧固体废物的时候，加入一定比例的污泥，能够增加更多的热量，这些热量能够转化为其他能量，供人类使用。

(五) 有关污水处理厂运行费用的研究

随着市场经济体制的不断深化，污水处理行业也逐渐走向了市场化。很多国家都是通过市场化的模式对城市污水进行处理，污水处理厂具有一定的自我管理权，可以按照市场规律进行运作。但是，污水处理项目从性质上看属于公益性项目，对资金的需求量非常大，必须有雄厚的资金保证才能让污水处理厂得到有效运行。市场化下的运营商往往会基于自身最大利益出发，最大限度控制污水处理厂的各种成本。但据调查，市场化下的污水处理厂运行效果并不理想，特别是随着近年来成本的上扬，很多污水处理厂因为资金匮乏难以正常运行，有的甚至处于亏损状态。与设计水量相比，很多污水处理厂的年实际处理污水量达不到上述标准，无法实现处理厂的满负荷运行，实质上是污水处理厂自然的一种严重浪费。因此，我国应该对污水处理单元能耗进行深入分析，然后结合污水处理厂运作的实际情况，提出切实可行的节能降耗方案，降低其成本，保证其正常运行。

影响污水处理厂运行成本的因素非常多，包括药剂费、人工管理费、电能耗费等。企业要想降低能耗，就必须降低运行费用。不过运行费用的降低还远远不够，还要从其他方面入手降低污水处理厂的能耗，具体包括以下几个方面。

1. 人工管理费

在运行成本中,此费用所占比重通常在10%以上,规模越小的处理厂该指标所占比重越高。运营商要想在此方面控制成本,必须制定出完善的员工管理制度、工资发放标准、用人原则等。此外,根据岗位需求科学合理地安排员工,提高员工的劳动效率,才能真正地控制人工管理费成本。

2. 维修费用

任何机器设备在运作过程中都不可避免地需要维护和保养,在维护和保养的过程中需要付出一定成本,可以利用旧机器等零部件,也可以培养自己的维修师,从而降低此方面的成本。

为了降低能耗和控制污水处理厂的运行成本,我们应该从整体来分析,而不是从单一的角度来分析。

二、优化运行措施研究

(一) 预处理单元优化运行措施

优化节能的关键在于如何降低污水提升泵的能耗。提升泵站在最初设计的时候,受设计理念、设计人员主观因素等影响,往往会设计最大功率的提升水泵,其目的是保障未来水泵的功率仍然符合需求,但是在实际运行的过程中,进水水量远远低于设计水量,这就造成了提升水泵一直处于低效运行状态,其功能没有得到充分发挥,导致大量的电能被浪费。根据当前城市污水处理厂的通用做法,结合国内相关研究,针对提升泵的节能设计和优化控制,可以从以下几个方面进行。

1. 进行提升泵的节能设计

污水处理厂应先准确判断自己的取水量,再确定提供运行的水泵数量,并对其运行状况进行合理调整。在确定提升水泵过程中,我们要结合水厂处理流量、扬程等因素,选择合适的水泵型号和数量。在选择过程中,企业应该基于维护管理的便捷性,尽可能地选择相同型号的设备。在调查中发现,大多数污水处理厂设计处理流量均存在着偏高问题,因此选择的水泵设备型号偏高,导致水泵长期低效率运行,甚至需要通过电动阀门节流,此种状况会造成电能的严重浪费。针对此种状况,污水处理厂可以根据进水量的变化情况进行设计，引入变频调速技术、优化组合控制技术，两项技术的综合运用，能够明显地降低该单元的能耗。

2. 污水处理厂高程布置优化

污水多次升级需要大量资源，污水处理厂应设计尽可能一次升级，然后通过重力流等措施自动流经污水处理结构，不消耗能源。为了达到这一目的，我们必须对构筑物之间进行合理布置，如采取直线设计、减少连管长度、保持水流通畅等。

3. 强化该单元运行管理

提升水泵要尽可能地提高合理利用效率，如确保水泵在高水位运行，提高水泵的运行效率，才能有效地控制电能损耗。除此以外，企业还要设置备用水泵，不同水泵交替使用，避免某一水泵频繁运行导致寿命缩短。

(二) 生化处理单元优化运行措施

污水处理厂降解污水中有机污染物主要采取的是好氧处理工艺，该工艺的显著特征就是需要不断地向污水中供氧，让污水中的有机物和微生物能够充分接触，当前为污水混合液供氧的方式——曝气。这一过程中需要耗费大量的能源，这也是生化处理单元能耗最高的环节。

1. 生化处理目前运行情况

根据污水处理厂生化池工艺的实际运行情况，结合国内的相关研究，针对曝气系统节能设计和优化控制的具体措施如下。

（1）合理确定污水处理厂曝气系统规模。城市污水处理厂曝气系统在运行过程中存在着高峰或者日高峰现象，可以根据此来确定需氧值，高峰需氧量虽然数量庞大，但通常持续的时间比较短。污水处理厂应该对此进行合理控制，保障活性污泥能够在氧气充足的情况下正常运行，即便是氧气不足，也能够有效运行，同时不会影响出厂水质。据调查发现，在氧气不足的情况下，活性污泥短时间内不会出现大量丝状菌繁殖，也不会影响到沉降性能，所以可以按略小于高峰值的数据来设计曝气系统的规模，系统的功能能够得到充分发挥。

（2）考虑供氧能力和调节能力。很多污水处理厂的曝气设备供氧能力远远超过了实际需求量，因为曝气系统在设计过程中通常根据高负荷进行设计，实际运行负荷明显低于设计负荷。在设备选择过程中，企业也是根据高峰条件选择供氧能力比较强的设备，供氧量远远大于了需氧量，两者之间难以实现平衡，导致很多氧气被浪费，同时还会降低设备的灵活性与可控性，设备寿命也会因此而缩短。

(3) 选用智能控制系统调节曝气量。针对污水处理节能优化通常要采取整体优化措施，首先，要对城市污水处理厂运行过程中进水量、水质、生化池内的溶解氧值等指标进行全面监测；其次，确定好氧池内曝气设备开启台数及运行时间等，让设备的能耗和污水处理需求相匹配，才能达到节能的效果。很多城市夜间电价通常偏低，用电高峰时段电价偏高，可以利用这一点对曝气量进行调整，夜间加大曝气量，用电高峰时段尽可能地减少曝气量。EPA 曾经对美国 12 个污水处理设备上述状况进行调查，调查的数据显示，采取上述措施的污水处理厂节电效率能够达到 33%。

2. 生化处理优化运行措施

为优化城市污水处理厂生化处理装置曝气系统的节能，我们可以采用上述几种生化池工艺进行改造。针对污水处理厂已经建成的曝气系统，可以通过下列手段降低其能耗。

我国的自动控制技术和相应的检测仪器设备的研发能力非常强，在世界上具有一定的知名度，因此，许多污水处理厂都引用了当地的自动控制设备。污水处理厂要根据自己的实际情况，可以使用先进的网络控制系统，利用自动化控制技术对该厂的鼓风曝气设备进行自动化控制，从而实现节能优化的目标。我们可以把网络控制系统安装在厂区内的控制室中，工作人员可以在此通过自动化操作控制鼓风曝气设备的开与停。在该环节引入网络控制系统、自动化控制技术，首先能够全面保障操作人员的人身安全，其次能够实现鼓风曝气设备运行的最优化。

(三) 污泥处理单元优化运行措施

城市污水处理厂在污水处理过程中，不可避免地会出现一种副产品——污泥，污泥的处理是污水处理厂处理污水的重要环节。由于污泥数量、含水量、细菌等方面的不同，污泥处理的工艺也各不相同。污泥处理技术通常要遵循以下原则：一是无害化原则，二是减量化原则。该技术的处理内容分为两大部分,一是污泥处理,通常是通过浓缩、脱水、消化等技术进行处理;二是污泥处置,通常是通过填埋、焚烧、土地利用、干燥、堆肥等方法进行处理。

在目标场总能耗中,污泥处理单元能耗所占比重为11.3%,所以在整个污水处理流程中,该单元是一个重要的处理单元,也是节能减耗到终点单元之一。该单元节能设计和优化可以从以下几个方面进行。

1. 选用高效率、低能耗污泥脱水机器

各大城市污水处理厂都是通过配套的污泥脱水机器、污泥脱水技术对污泥进行处理和处置。在污泥处理单元总能耗中,污泥脱水机器能耗所占比重比较高,几乎达到95%。由此可见,该单元节能降耗的关键在于降低污泥脱水机器的能耗,既可以选择高效率的脱水设备来降低能耗,也可以通过适当的设备数量来降低能耗,还可以通过提升设备处理能力来降低能耗。

2. 合理选用投加药剂的种类及加入量

污泥脱水处理的最常用方法是添加絮凝剂,该药剂能够改善污水的脱水性能,污水中的悬浮颗粒在该药剂作用下能够形成大的絮凝体,然后利用污泥脱水机,很容易实现污泥脱水。许多污水处理厂采用这种方法处理污泥,所以此类处理厂对高分子絮凝剂的需求量非常大,很多污水处理厂都选用高效絮凝剂,以便提高该药剂的使用效率。同时,我们要严格地控制投加量,只有适量才能取得最优效果,才能达到间接降低能耗的目的。

污泥脱水絮凝剂种类庞杂、适用性强,根据其成分不同可以分为5大类型,包括无机絮凝剂、人工合成有机高分子絮凝剂、天然大分子絮凝剂、微生物絮凝剂和复合絮凝剂等,污水处理厂当前使用的通常是PAM(聚丙烯酰胺),此类药剂具有吸附能力强、网捕性能好的特征,并且具有显著的量少、效率高优势。

投加药剂种类及投加量确定的标准通常要依据下列3个指标进行判断:一是实际进水情况,二是进水负荷,三是剩余污泥含水率。药剂的投放量必须合理科学,才能起到良好的污泥脱水效果,如果投放量过大,就会导致污泥颗粒凝聚困难,情节很严重的会堵塞污泥脱水机器,不仅会增加投放成本,还会增加污水处理厂的维护成本,造成巨大的资源浪费。许多新建污水处理厂都引入了变频智能化投药系统,利用智能化技术对药剂的投放量进行控制，能够提高药剂投放的科学和合理程度。

3.污泥消化处理及其产生沼气的利用

污泥在厌氧消化的过程中，会产生一定的沼气，如果能够有效地回收利用这部分沼气，则能实现资源的充分利用，从而达到节能降耗的目的。通过污泥消化处理，污泥体积会有一定程度的减少，能够降低后续污泥脱水系统的压力，有利于污泥处理成本、脱水系统耗电成本的降低。如果城市污水处理厂规模较大，每天处理的污水量达到了一定程度，产生的沼气足以能够发电，就可以利用这部分电能供污水处理厂运行使用。在规模不大的情况下，沼气不仅可以作为电厂供热或锅炉房的燃料，也可以为周边居民提供服务，既可以赚取利润，又可以减少污水处理厂的电力消耗。

第三节 市政污水处理建设工程的质量管理

一、市政污水处理建设工程的特点及质量目标

随着经济和社会的发展，我国各地都在加快污水处理建设工程建设速度，以解决日益严重的水污染问题。污水处理建设工程一般分为主体工程和附属工程两部分，主体工程包括粗格栅、细格栅、污水提升泵房、预处理间、沉沙池、鼓风机房、污泥贮池、二沉池、生物反应池、尾部泵房、污泥脱水间等，附属工程包括综合办公楼、配电室、锅炉房、仓库、厂区道路管网等公用工程。

从城市污水处理建设的角度来看，该类工程有以下特点：一是市政污水处理项目构筑物比较多，而且很多是地下工程，具有隐蔽性，施工和质量监控难度大；二是市政污水处理项目设备种类众多，其中标准设备既有各种水泵、风机、脱水机等大型机械，还有各种阀门、仪器、电气仪表自控设备等；三是根据工程规模、污水处理工艺的不同，还有较多的非标设备，需要对该类设备的制造和安装进行质量监控；四是市政污水本身所含成分复杂，黏稠度大，对各设备（特别是非标设备）、钢构件、管道等腐蚀相当严重，须根据污水的水质设计设备及材料的防腐性能；五是市政污水处理项目不仅厂区管网错综复杂（既有污水处理工艺管网，又有市政管网），而且污水处理工

艺流程中主要利用始末端的高差为动力自然流动，在设计和施工中都要充分考虑管道的坡度问题，不允许出现倒坡现象；六是按照规划设计的要求，城市污水处理项目的选址范围一般都在地形标高最低的区域，因此，在地下工程施工过程中需要降水措施，为减少降水费用，地下工程施工时间要尽量缩短。

在对市政污水处理建设工程进行质量管理前，首先要制定工程质量管理总体目标，质量总体目标是项目质量管理的纲领性文件。目标是人们行为的最直接的动机，美国心理学家洛克提出的目标设定理论认为，由于目标的存在，使人们为了实现既定目标而朝着一定的方向奋斗前进，同时通过对比既定的目标和自己的行为结果及时对自己的行为进行修正和相应的调整。目标的设定应符合 SMART 原则，即 S（Specific/ 明确）、M（Measurable/ 可衡量）、A（Attainable/ 可实现）、R（Realistic/ 实际）、T（Timed/ 有时限）。

市政污水处理建设工程总体质量目标一般为：一是工程合格，试运行一次成功；二是装置的运营指标达到设计标准；三是污水处理达到国家和行业相关标准并满足设计要求，污泥处理达标。

二、市政污水处理建设工程质量管理流程

（一）市政污水处理建设工程质量管理流程图

按照全面质量管理理论、朱兰三部曲的全过程管理思想、PDCA 循环方法，遵循 ISO 9001/ISO 9002 的标准和要求，参照 PMBOK 项目质量管理的过程和方法，采用恰当的质量管理工具和方法，编制出适合于市政污水处理建设工程的质量管理流程。市政污水处理建设工程质量管理流程包括质量计划、质量保证及质量控制 3 个过程。

（二）市政污水处理建设工程质量计划

1. 制订市政污水处理建设工程质量计划

市政污水处理建设工程质量计划需要识别哪些质量标准适用于该类项目，并确定如何满足这些质量标准的要求。制订质量计划主要包括以下内容。

第一，公司质量方针。质量方针是由项目所在公司最高层管理部门正

式阐明的、组织关于质量的总的打算与努力方向，质量方针在公司质量手册中会有明确阐述，项目领导班子根据公司质量方针制定项目质量方针。

第二，项目范围说明书。污水处理项目范围说明书描述了污水处理项目的所有工作内容，是制订质量计划的关键。它主要记载了污水处理项目的可交付成果，如建构筑物、工艺管线和设备的技术要求与数量等，污水处理项目范围说明书明确了项目目标以及该项目关键干系人的主要需求。

第三，项目产品描述。范围说明书中已经有详细的产品描述，污水处理项目范围说明书中对产品的描述往往包括该项目所具有的一些独特性能和特殊要求，其中一些可能采用独特的技术措施满足其特性，因此在制订污水处理质量计划时要注意这些技术问题以及其他相关细节。

第四，相关标准与规章制度。企业应该对所有可能影响污水处理项目的相关标准与规章制度都要重视，在制订质量计划时要充分考虑到其可能带来的影响。

第五，其他项目管理过程的成果。污水处理项目的其他管理过程也会产生质量计划的一些内容。例如，在人力资源规划中，提出的项目管理人员需要的综合能力以及施工队伍的人员基本素质等，就属于人员的质量计划。

2. 制订市政污水处理建设工程质量计划时需要的工具和技术

成本效益分析法。污水处理项目必须考虑成本与效益之间的平衡。通过合理的质量计划实施质量保证与控制，达到预期的质量控制目标可以提高工程建设效率，减少返工，降低成本，最终使业主满意。分析某项质量管理活动的成本，用来对比该质量管理活动所带来的效益，如果所得效益大于成本则说明该质量管理活动是必要的。

第一，基准对照法。制订污水处理项目质量计划需要找到一项量度绩效的标准，通过将项目的实际做法或计划做法与其他项目的做法进行对照，吸取经验教训，并对现有做法进行改进，最终找到本项目的绩效基准。

第二，绘制流程图。在质量管理中，常用的流程图包括因果图和系统/过程流程图，通过绘制流程图，可以找出污水处理项目管理中可能出现的质量问题，以及这些质量问题会出现在哪里，何时出现，并据此制定相应的质量保证与控制措施。

第三，实验设计。实验设计是一种统计方法，采用模拟技术帮助确定污水处理项目中有哪些因素会影响特定变量。

第四,质量成本。污水处理项目质量成本是指为了完成项目质量目标所付出的总成本,包括实施质量保证与控制的所有工作以及因质量不合格而采取的各项弥补措施所产生的全部费用。

通过上述步骤,收集相关资料,使用适当的工具和技术,最终制订出污水处理项目质量计划,同时产生工作定义和核对表等,具体如下。

第一,污水处理项目质量计划。质量计划详细说明了项目管理班子如何实施其质量目标,它是项目的质量体系,是项目质量计划最核心的成果,其中详细列出了用以实施市政污水处理建设工程质量管理的组织结构、各成员质量责任、质量保证的实施程序、质量控制执行措施以及其他必要的资源。市政污水处理建设工程质量计划是正式的和详细的计划,质量计划至少应包含以下内容:目的质量方针、目标及验收标准,项目质量体系组织机构及职责,项目资源管理,项目质量管理制度,施工现场质量控制,施工质量检验、试验标准和方法,施工质量保证措施,工程竣工资料及技术档案资料的管理,不合格品的控制、纠正与预防措施,本项目质量控制重点等。

第二,工作定义。工作定义具体地描述了项目中的每一项活动,并在定义中说明如何通过实施质量控制对其进行衡量。例如,污水处理项目中的潜水泵安装工作,该项工作的定义应包括潜水泵安装工作的开始时间、完成时间、安装所需的资源、安装的方法和安装质量的检测标准和质量监控措施等。

第三,核对表。核对表是进行质量监控的检查表,一般采用标准的表格形式用以保证经常性任务格式的一致性。污水处理项目设计符合项目特点并便于监控特定工作完成质量的检查表,用来检查并核实污水处理项目中按计划应进行的各项工作(工序)是否如实完成。

(三)市政污水处理建设工程质量保证

质量保证是通过质量管理计划中的质量管理体系(质量管理组织机构、控制流程以及方法等)来实施的,并通过审计其他质量活动帮助改进项目绩效。质量保证是贯穿项目始终的有计划的系统活动。

市政污水处理建设工程实施质量保证的输入包括质量管理计划、质量控制量度结果（指施工质量检测对比数据：用某种固定格式来比较并分析实施质量控制测试结果和记录下来的量度数据）以及工作（活动）定义。

市政污水处理建设工程实施质量保证需要用到以下工具和技术：流程图、基准对照法等质量计划中用到的工具和质量审计。实施质量审计的目的是最终帮助提高市政污水处理建设工程（或组织内其他项目）的绩效，通过有组织地审查质量管理，从中发现问题并汲取相关的经验教训来实现。

市政污水处理建设工程实施质量保证后输出的成果：建设工程质量改进。质量改进是指采取某种措施提高本项目的绩效，并提供额外收益给项目的重要干系人。一般来说，在进行质量改进时需要按规定程序提交变更申请或者对发现的偏差采取纠正措施。

下面以污水处理建设工程中土建施工工序质量控制点的质量保证流程为例描述实施质量保证的过程：首先，在质量计划中根据工程施工工序中的重要程度制定有关于污水处理建设工程土建施工工序的质量控制点和相应级别，工序质量控制点分为 A（AR）、B（BR）、C（CR）3 个等级；其次，根据有关工程验收规程、规范和交工、竣工资料表格内容，制订污水处理建设工程土建施工工序重要过程试验、检验计划以及检验、验证标准和方法，主要包括 CR 级质量控制点的检验和验收、BR 级质量控制点的检验和验收、AR 级质量控制点的检验和验收。施工单位应根据工程土建施工工序中质量检查项目的重要程度，执行 ABC 工序质量控制点；使用监视与测量装置对土建施工工序质量控制点的执行过程进行监视与测量（质量审计），对比该工序的执行过程与实际施工程序是否相符，如有偏离要求采取纠正措施（即质量改进），确保污水处理建设工程土建施工工序的正确性。

（四）市政污水处理建设工程质量控制措施

质量控制是利用各种统计分析方法，参照项目管理计划、质量检查表和质量测量结果，来决定是确认的可交付成果或是确认的变更。对需要变更的项目，借助质量管理工具，通过分析原因，制订更新的质量管理计划及过程改进计划，并据此实施质量保证和质量控制，如此周而复始，直到所有的可交付成果得到确认。

质量控制贯穿市政污水处理建设工程的始终，通过对建设工程的实施结果进行监控,确定该实施结果是否符合工程的质量标准,并分析如何找到并消除产生质量不合格现象的根本原因。这些建设工程的结果既包括产品结果(例如提交的可交付成果),也包括建设工程管理成果(例如建设工程成本与进度绩效)。

市政污水处理建设工程质量控制需要输入:前面的工作结果(包括建设工程管理和实施过程的结果和提交的可交付成果,记录建设工程计划结果的资料和记录工程实施实际结果的资料应同时提交);质量计划的输出——质量计划;工作(活动)定义;核对表。

市政污水处理建设工程质量控制常用的工具和技术包括:检查(也可称为审计、评审等,用于确定工程实施结果是否符合计划基准);控制图;帕累托图;统计抽样;流程图;趋势分析(常用于监测工程绩效)。

市政污水处理建设工程质量控制的结果如下:实施的质量改进;验收决定;返工通知;完成的核对表(项目记录的一部分保存);调整实施过程(指根据质量控制的检测分析结果,按照不合格品控制程序执行纠正或预防措施)。

下面以污水处理建设工程中设备安装质量控制点的质量控制过程为例描述实施质量保证的过程:首先,制定污水处理建设工程设备安装的质量控制点及相应级别,施工单位根据工程施工工序中质量检查项目的重要程度,执行 ABC 工序质量控制点;其次,制订污水处理建设工程设备安装的重要过程试验、检验计划以及检验、验证标准和方法;最后,使用监视与测量装置对污水处理建设工程设备安装质量控制点的执行结果进行测量,将测量结果记录在核对表(检查表)中,将测量出来的检查结果与验收标准进行对比,对于符合质量要求的予以验收,不合格的拒绝验收,发现问题并解决问题,确保污水处理建设工程设备安装的质量。

(五)市政污水处理建设工程质量管理 PDCA 循环

在市政污水处理建设工程质量管理中,质量计划、质量保证及质量控制并不是相互独立的管理过程,质量管理实际上是一个制订质量计划(计划,P)—实施质量保证(实施,D)—检查(C)—质量控制措施(行动,A)的循环过程,通过 PDCA 的不断循环,工程质量不断得到改进,最终达到项目目标。

三、市政污水处理建设工程质量不合格的控制措施

在市政污水处理建设项目实施过程中，采购的物品（设备、物资和材料等）、单位工程完工产品、中间产品、工序实施中的半成品、成品等均有可能出现质量不合格现象，及时纠正不合格产品、控制不合格产品产生的数量是工程建设质量控制与管理的关键，因此需要制定市政污水处理建设工程不合格产品的控制、纠正与预防措施。

（一）不合格产品的分类

污水处理建设工程质量不合格产品分为：采购形成的不合格产品、施工形成的不合格工序、施工过程形成不合格中间产品、不合格单位工程、工程交付后在保修期内发现的质量不合格部位。

不合格的采购产品（工程物资不合格）包括以下几种：工程物资出现不符合质量标准或不符合合同约定的事项，比如，材料品种、技术规格、合格证明文件等；工程物资进场验收时已存在受潮、受损和变质等现象，产品进场前已超过有效期或临近有效期截止日期的；进场物资的技术指标不符合质量标准。

不合格施工工序和不合格的中间产品（施工过程中出现的不合格现象）包括以下几种。轻微不合格产品：因施工工序不当造成瑕疵，经执行纠正及整改措施后，可以达到质量标准并验收合格的产品。一般不合格产品：对于不涉及工程主体结构安全的可交付成果，验收时不合格，但经过整改及返工后，经验收合格且不影响使用功能的，称为一般不合格产品。严重不合格品：在工程验收时未达到质量评定合格标准，且该质量问题影响主体结构安全的，或存在无法整改的永久性缺陷，或对最终的使用功能造成重大影响的质量不合格产品。

不合格单位工程：不合格单位工程是指经业主、监理公司及质量监督部门认定为不符合质量标准，且经过验定为质量不合格的单位工程。

工程交付后在保修期内发现的质量不合格部位。

（二）不合格产品的标识与隔离

1. 质量不合格物资的标识、隔离、记录

在建设项目中，材料采购人员一旦发现进入工程现场的物资质量不合

格，应及时将不合格品与合格品进行隔离，分开码放，同时必须采用红色"不合格"标识牌对不合格品进行标记。

2. 质量不合格产品的标识

对于发现的轻微质量不合格品，项目部质检人员应随时做好标识并及时填写工序质量评定记录。质检人员一旦发现质量不合格产品，应立即在其周围易于观察的位置做出标识，同时通知项目部技术负责人和工程负责人。

(三) 不合格产品的评审与纠正

1. 轻微不合格产品

对于在工程质量检查过程中发现的轻微不合格产品，可直接采取纠正措施，由项目经理授权施工队或班组执行纠正措施，质检人员负责复查并如实填写工序质量评定记录。

2. 一般不合格产品

对于在工程质量检查过程中发现的一般不合格产品，项目部质检人员应组织评审并确定处理方案，制定处理和纠正措施并及时实施，同时填写《不合格评审处置记录》，该评审可由项目部自行组织，须报公司QHSE部进行核实和处置。

3. 严重不合格产品

对于在工程质量检查过程中发现的严重不合格产品，项目总工程师组织编制处理方案和整改措施，填写《不合格评审处置记录》，质量严重不合格产品应报QHSE部处理。由QHSE部组织有关部门人员参加评审，评审通过的处置方案和整改措施须经主管领导审批后由项目部组织实施，涉及技术方面的问题，总工程师可参与并提出建议。

(四) 不合格产品的处置和验证

1. 质量不合格产品的处置方式

将不合格产品进行返工处理，使其达到规定的质量要求。经相关授权人批准并经业主同意，部分不合格产品可以参照合同相关规定，实行让步使用、放行或接收。上述方案均不适用的，应降级使用或直接报废。

2.质量不合格材料的处置程序

对于甲供材料,如果验证或复检结果不合格,为防止误用,应立即标识、隔离,同时通知监理、业主处置。当构成工程主体的物资出现不合格时,现场材料员应立即通知采购部及相关单位,采购部门针对不合格物资进行处置。项目部采购的物资出现不合格现象,应采取退货或更换措施,具体由采购员负责与供方联系。

3.轻微不合格或一般不合格产品的处置

为使不合格产品满足规定的要求,须对所有轻微或一般不合格产品进行返工处理,经过返工的产品,必须重新进行检验和试验。

4.质量不合格产品的让步接收

质量不合格产品的让步接收应同时满足以下条件:能满足使用功能;项目部与业主、监理公司、设计部门、质量监督机构协商后,能够得到各方共同认可,均同意让步接收的。

5.工程交付后在保修期内工程质量发现不合格时的处置方式

在接到业主通知后24小时内,企业应该派人到现场,及时协商质量不合格问题的解决方案,并积极组织维修,减少对生产的影响,保证最大限度地满足业主的合理要求。所有质量不合格产品处置记录,均应按《记录控制程序》予以保留并存档。

(五)不合格产品的预防措施

由技术人员编制的物资采购计划(无论业主采购还是项目部采购),必须有详细的规格、型号、制造及验收标准、质量要求等内容。严格按采购程序执行,严格执行验收款的支付程序。在施工过程中,质量检查监督人员、技术人员必须每天在现场检查,及时发现不合格产品可能出现的隐患并限期整改。质量检查监督人员、技术人员应该控制好不合格产品产生的次数,及时纠正和减少不合格产品给工程带来的影响。

第六章　火力发电厂废水处理及中水回用

第一节　火力发电厂排放的废水

水在火力发电厂使用过程中，一般都会受到不同程度的污染。火力发电厂的大部分水是循环使用的，除用于汽水循环系统的传递能量外，还用于很多设备的冷却和冲洗。对于不同的用途，所产生污染物的种类和污染程度是不一样的。

除了原水携带的杂质外，废水中的污染物还主要来自使用过程中水的污染或浓缩。水污染有以下几种形式。

（1）混入型污染。用水冲灰、冲渣时，灰渣直接与水混合造成水质的变化。输煤系统用水喷淋煤堆、皮带，或冲洗输煤栈桥地面时，煤粉、煤粒、油等混入水中，形成含煤废水。

（2）设备油泄漏造成水的污染。设备冷却水中最常见的污染物是油。

（3）在运行中水质发生浓缩，造成水中杂质浓度的增高，如循环冷却水等。

（4）在水处理或水质调整过程中，向水中加入化学物质，使水中杂质的含量增加。比如，循环水系统加酸、加水质稳定剂处理，水处理系统增加混凝剂、助凝剂、杀菌剂、阻垢剂、还原剂等，离子交换器失效后用酸、碱再生，在酸碱废液中和处理时加入酸、碱等。

（5）设备的清洗对水质的污染。比如，锅炉的化学清洗、空气预热器、省煤器烟气侧的水冲洗等，都会有大量悬浮固体、有机物、化学品进入水中。

按废水排放与时间的关系，火力发电厂的废水可分为经常性排水和非经常性排水两大部分。若按废水的来源，可分为冲灰（渣）废水、凝汽器冷却排污废水、化学水处理排水、烟气脱硫排水、锅炉化学清洗排水和停炉保护排放的废水、煤场及输煤系统排水、辅助设备冷却排水、含油污水、生活污水等。

一、凝汽器的冷却排污废水

凝汽器的冷却排污废水来源于冷却塔的排污,是该冷却水系统在运行过程中为控制冷却水的水质而排放的水。它具有以下几个特点。

(1)水量大、水温高。冷却塔的排污水量主要与原水水质和浓缩倍率有关。当原水水质一定的情况下,浓缩倍数越高,排污水量越小。冷却塔的排污水水温一般比环境温度高,如直接排入天然水体,会产生一定的热污染。水温升高,会促进水体的生命活动,设备、管道会因动、植物繁殖过快而淤塞,也会加速有机物的无机化过程。

(2)含盐量高。由于循环冷却水的浓缩作用,冷却水塔的排污水含盐量较高,与原水水质和浓缩倍数有关。但从排放水的角度看,除总磷有时轻微超标,其他污染因子一般不超过污水排放标准。另外,排放水中的有机物、悬浮固体和菌、藻等的含量也比较高。

(3)冷却水塔的排污水一般为间断性排放,瞬时流量很大。

二、水力冲灰(渣)废水

燃煤电厂除渣和除灰的方式通常分为干法除灰(渣)和湿法除灰(渣)两种。湿法除灰(渣)需要消耗大量的工业水。当采用低浓度水力输送时,灰水比按1∶15计,一个百万千瓦电厂储灰场的灰水排放量约为0.5m^3/s,占火力发电厂全部废水量的1/2。

冲灰废水中的杂质成分不仅与灰、渣的化学成分有关,而且与冲灰水的水质、锅炉的燃烧条件、除尘与冲灰方式及灰水比等因素有关。其中,对灰水中污染物的种类和浓度起主要影响的是锅炉燃用的煤种和除尘方式(干式或湿式)。

在干除灰水力输送系统中,污染物质在水与灰的接触过程中从灰中溶出;在湿除灰水力输送系统中,除发生上述过程外,还将烟气中的一些污染物质,比如,氟及其化合物、砷及其化合物、二氧化硫和三氧化硫等转移进入灰水中。

因此，在灰渣水排放与处理的设计中，对储灰场经常性排水的超标项目应根据燃煤和粉煤灰的化学成分、除尘和除灰工艺、灰水比、冲灰水的水质等具体条件，经分析判断或参照类似发电厂的运行数据确定，必要时可进行浸出试验，提出合理的治理措施。

三、烟气脱硫废水

脱硫废水主要来自石膏脱水系统排水。在湿法烟气脱硫系统中，由于吸收浆液是循环使用的，其中的盐分和悬浮固体杂质会越来越高，而 pH 值越来越低。pH 值的降低会引起 SO_2 吸收效率下降；过高的杂质浓度会影响副产品石膏的品质。因此，当吸收浆液中的杂质浓度达到一定值后，需要定时从系统中排出一部分废水，以保持吸收液的杂质浓度，维持循环系统的物料平衡。

脱硫废水中的杂质主要来自烟气、补充水和脱硫剂。其水质与脱硫工艺系统、烟气成分、灰及吸收剂等多种因素有关。脱硫废水量因煤种及脱硫工艺的不同而不同。脱硫废水为间断排放，其水质和水量都很不稳定。脱硫废水的水质具有以下几个特点：①水质不稳定，易沉淀；②排水呈酸性，pH 值较低；③悬浮固体（SS）很高；④氟（F）浓度高；⑤含有很高的难处理的 COD；⑥含有过饱和的亚硫酸盐、硫酸盐以及重金属；⑦氯（Cl）浓度高。

四、热力设备化学清洗和停炉保护排放的废水

锅炉化学清洗废液和停炉保护排放的废液属于非经常性排水，不定期排放，在较短的时间内排放量大、有害物质浓度高。

(一) 锅炉化学清洗废液（水）

锅炉化学清洗废液是新建锅炉启动清洗和运行锅炉定期清洗时排放的酸洗废液和钝化废液。

在化学清洗过程中产生的废水，其化学成分、浓度大小与所采用的药剂组成以及锅炉受热面上被清除脏物的化学成分和数量有关。主要有游离酸、缓蚀剂、钝化剂、大量溶解物质、有机毒物以及重金属与清洗剂形成的各种复杂的络合物或螯合物等，有 pH 值低、COD 值高、重金属含量高等

特征。

锅炉化学清洗废液的排放量与锅炉的出力和型式、酸洗方法以及所用的酸洗介质有关。其废水量一般为清洗系统水容积的 10~20 倍,如一台 200MW 的机组,其化学清洗水容积为 401.5m³,则化学清洗废水总量为 6000~8000m³。一台 1000MW 的超临界机组,采用 $C_6H_8O_7$ 清洗的水容积(本体、过热器、炉前、再热器)大约为 1784m³。

(二) 锅炉停炉保护废水

停炉保护废水的排放量大体与锅炉的水容积相当。停炉保护所采用的化学药剂大都是碱性物质,所以排放的废水都呈碱性,并含有一定量的铁、铜等化合物。

以上两种废水大多呈黄褐色或深褐色,悬浮固体含量在几百到近千毫克/升。酸性废液的 pH 值一般小于 3~4,碱性废液的 pH 值高达 10~11,化学耗氧量(COD)在几百到几千毫克/升范围内。上述两种废水都是非经常性排水,具有排放集中、流量大、水中污染物成分和浓度随时都在变化的特点,处理起来比较困难。

五、化学水处理废水

(一) 澄清设备的泥浆废水

澄清设备的泥浆废水是原水在混凝、澄清、沉降过程中产生的,其废水量一般为处理水量的 5%。

澄清设备的泥浆废水的水质与原水水质、加入的混凝剂种类等因素有关。泥浆废水中的固体杂质含量在 1%~2%。这种废水排入天然水体,不仅会增加天然水体碱性物质的含量,而且会增加水的浑浊度。

(二) 过滤设备的反洗排水

过滤设备反洗排出的废水,其废水量是处理水量的 3%~5%,水中的悬浮固体含量可达 300~1000mg/L。这种废水排入天然水体后,使水更加浑浊。

(三) 离子交换设备的再生、冲洗废水

离子交换设备再生和冲洗产生的酸碱废水是间断排放的,废水排放量在整个周期有很大变化。其废水量是处理水量的5%~10%。

这部分废水的pH值有的过高,有的过低。其中,酸性废水pH的变化范围为1~5,碱性废水pH值的变化范围为8~13,具有很强的腐蚀性,还含有大量的溶解固形物、悬浮固体和有机、无机等杂质,平均含盐量为7000~10000mg/L。

(四) 凝结水净化装置的排放废水

凝结水净化处理设备排出的废水只占处理水量的很少一部分,而且污染物的含量较低,主要是一些铜、铁腐蚀产物,离子交换系统再生时的再生产物以及NH、酸、碱、盐类等。

(五) 树脂的复苏废液

在离子交换除盐系统中,常用复苏方法除去树脂吸附的有机物。因此会产生浓度高、颜色深的有机物废水(又称复苏废液),不得直接排放。一般情况下,每次复苏废液的量大约为树脂体积的15倍,COD_{Cr}一般在2000mg/L左右。

(六) 含煤、含油废水

1. 含煤废水

火力发电厂的含煤废水主要包括煤场的雨排水、灰尘抑制水和输煤设备的冲洗水。

据统计,煤场中70%的排水由煤层表面流出,污染较轻;30%的排水是通过煤层渗出的,水质较差。排水的水质取决于煤的化学成分。含硫量高的煤场排水呈酸性(pH值为1~3),溶解固形物和硫酸盐含量高,重金属浓度也相当高,有时会有砷的化合物;含硫量低的煤场排水呈中性(pH值为6~8.5),全固形物含量较高(>2000mg/L),其中约85%是以细煤末为主的悬浮固体,有时含有高浓度的重金属。

2. 含油废水

火力发电厂含油废水主要来自燃油储罐和油罐区的冲洗水、雨水，包括卸油栈台排水、油罐车排水、油泵房排水、输油管道吹扫排水，主厂房汽轮机和转动机械轴承的油系统排水，以及电气设备(变压器、高断路器等)、辅助设备等排出的废水、事故排水和检修时的废水。

火力发电厂含油废水排放量每小时可达数十吨，含油量为 100~1000mg/L。

(七) 生活污水

生活污水是指厂区职工与居民在日常生活中所产生的废(污)水，包括厨房洗涤、沐浴、衣物洗涤、卫生间冲洗等废水。

生活污水的水质成分主要取决于职工的生活状况、生活习惯和生活水平。生活污水往往含有大量的有机物，水质特点是 COD 值、BOD 值和悬浮固体含量高。

火力发电厂生活污水量因电厂规模与员工人数而异。据相关统计，目前我国电厂生活污水量一般不超过 100t/h。如果生活区和电厂需要一并建设时，应考虑生活区污水。生活污水量应结合当地的用水定额，结合建筑内部给排水设施水平等因素确定。

(八) 其他废水

其他废水包括锅炉的排污水，锅炉向火侧和空气预热器的冲洗废水，凝汽器和冷却塔的冲洗废水，化学监督取样水和实验室排水、消防排水，以及轴承冷却排水等。

锅炉排污废水的水质与锅炉补给水的水处理工艺及锅炉参数和停炉保护措施有很大关系，如对亚临界参数的锅炉，其排污水除 pH 值为 9.0~9.5 (呈弱碱性)外，其余水质指标都很好，电导率约为 10μS/cm，悬浮固体含量小于 50mg/L，SiO_2 小于 0.2mg/L，Fe 小于 3.0mg/L，Cu 小于 1.0mg/L，所以这部分排水完全可以回收利用。

锅炉向火侧的冲洗废水含氧化铁较多，有的以悬浮颗粒存在，有的溶解于水中。如在冲洗过程中采用有机冲洗剂，则废水中的 COD 较高，超过了排放标准。

空气预热器的冲洗废水，其水质成分与燃料有关。当燃料中的含硫量较高时，冲洗废水的 pH 值可降至 1.6 以下。当燃料中的砷含量较高时，废水中的砷含量可达 50mg/L 以上。

凝汽器在运行过程中，可在铜管（或不锈钢管）内形成垢或沉积物，因此，在停机检修期间用清洗剂就会产生一定的废水。这部分废水的 pH 值、悬浮固体等会超标。

冷却塔的冲洗废水主要含有泥沙、有机物、氯化物、黏泥等，排入天然水体会使有机物含量增加，浊度升高。

(九) 火力发电厂废水排放控制标准和常规监测项目

在废水排放控制方面，电力行业还没有制定相关的废水排放行业标准，废水排放是按地方或国家的相关标准进行控制的。

由于废水的成分比天然水复杂得多，无法测定每一种物质的浓度。除少数组分，如重金属离子，可以直接采用纯物质的量表示其浓度外，大多数杂质是用水质技术指标来监测控制的。

第二节　火力发电厂各类废水处理技术

一、冲灰废水的处理

冲灰废水是燃煤电厂水力冲灰产生的废水，是电厂主要的外排水之一。电厂各种排水经处理后，通常排入除灰、除渣系统，以供冲灰、冲渣之用，因此，冲灰废水组成较为复杂，治理难度较大。

根据我国的有关规定，冲灰废水应该先考虑回收复用，经过经济技术评价适宜排放的才准排放。但无论是回收复用还是排放，都需要先进行处理，以满足复用或排放要求。

冲灰废水处理的主要任务是降低悬浮固体含量、调整 pH 值和去除砷、氟等有害物质。

(一) 冲灰水悬浮固体超标的治理

冲灰水中的悬浮固体主要是灰粒和微珠(包括漂珠和沉珠),去除灰粒和沉珠可通过沉淀的方法,去除漂珠可通过捕集或拦截的方法。

为使灰水中的灰粒充分沉淀,灰场(池)必须有足够大的容积,以保证灰水有足够的停留时间;为加速颗粒的沉降,还可以投加混凝剂。此外,为了提高沉降效率,还可以采取加装挡板,降低入口流速;用出水槽代替出水管以降低出水流速;在出口处安装下水堰、拦污栅等,防止灰粒流出。

灰水中的漂珠密度小,漂浮在水面,一般采用捕集或拦截的方法去除。我国有的电厂采用虹吸竖井排灰场的水,也达到了拦截漂珠的目的。

冲灰水经设计合理的灰场沉降后,澄清水即可返回电厂循环使用(为防止结垢,回水系统宜添加阻垢剂),也可以在确认达标的情况下直接排入天然水体。

(二) pH 值超标的治理

《污水综合排放标准》(GB 8978—1996)中规定,废水 pH 值的排放标准为 6~9。但由于灰渣中碱性氧化物含量高,其灰水的 pH 值大都大于 9,甚至达到 12。

虽然大面积的灰场有利于灰水通过曝气降低 pH 值,但仅靠曝气还不够,电厂解决灰水 pH 值超标的措施有炉烟(或纯 CO_2)处理、加酸处理、灰场植物根茎的调质处理等。

(1) 炉烟处理。利用炉烟中的碳氧化物(CO、CO_2)和硫氧化物(SO_2)降低灰水的碱度。该法适用于游离氧化钙含量较低的灰水。

(2) 加酸处理。这是一种处理工艺简单的方法,一般可采用工业盐酸、硫酸或邻近工厂的废酸。加酸量以控制灰水 pH 值在 8.5 左右为宜。如在灰场排口加酸,需中和灰水中全部 OH^- 碱度和 $1/2 CO_3^{2-}$ 碱度;如在灰浆泵入口加酸,除中和上述碱度外,还需中和灰中的部分游离 CaO。实践证明,加酸点设在灰场排口较好,不仅用酸量少,而且便于控制;在灰浆泵入口加酸,不仅加酸量大,还有可能造成灰浆泵腐蚀。另外,由于游离 CaO 在输灰沿程不断溶解,使灰场排口的 pH 值较难控制。

加酸处理灰水的缺点为：除需消耗大量的盐酸或硫酸外，还将增加灰水中 SO_4^{2-} 或 Cl^- 浓度以及水体的含盐量，从另外的角度讲，将对水体造成不利影响。

(3) 利用灰场植物的自净作用。在灰场上种植植被不仅可以防止灰场扬尘，而且可以对灰水进行调质。

(三) 其他有害物质的排放控制

煤是一种构成复杂的矿物质，当其燃烧时，煤中的一些有害物质（氟、砷以及某些重金属元素），就会以不同形式释放出来，并有相当一部分进入灰水。

(1) 氟超标的治理。灰水中氟的含量取决于原煤的含氟量，我国有15%的电厂灰水排放中存在氟超标现象。除氟的方法有化学沉淀法、凝聚吸附法、离子交换法等。目前，最实用的是以化学沉淀法和吸附法为基础形成的一些处理措施，其中，混凝沉淀法比较成熟。

对于氟含量较高的废水，通常采用化学沉淀法除氟，沉淀剂有石灰乳、可溶钙盐。常用的混凝剂有硫酸铝、聚合铝、硫酸亚铁等。研究表明，在灰水中 F 为 10~30mg/L 时，硫酸铝投量为 200~400mg/L，最佳 pH 值范围为 6.5~7.5，除氟容量为 30~50mg/L。

(2) 砷超标的治理。灰水除砷的方法有铁共沉淀法、硫化物沉淀法、石灰法、苏打—石灰法。铁共沉淀法是将铁盐加入废水中，形成氢氧化铁 $Fe(OH)_3$，$Fe(OH)_3$ 是一种胶体，在沉淀过程中能吸附砷共沉淀。这种利用胶体吸附特性去除溶液中其他杂质的过程称为共沉淀法。在铁共沉淀法中，需要通过调节酸度和添加混凝剂促进沉淀，然后将沉淀分离出来使出水澄清。这种方法的效率与微量元素的浓度、铁的剂量、废水的 pH 值、流量和成分等因素有关，特别对 pH 值较为敏感，该方法不仅可以有效去除灰水中的砷，对清除灰水中的亚硒酸盐也有较好的效果。

石灰法一般用于处理含砷量较高的酸性废水，对含砷量低的灰水不太适用。

(四) 灰水闭路循环处理

灰水闭路循环（或称灰水再循环）处理是将灰水经灰场或浓缩沉淀池澄清后，再返回冲灰系统重复利用。灰水闭路循环不但能节水，而且能同时控制多种污染物。

首先，灰水闭路循环经沉淀可去除大部分灰粒，澄清后的水可以循环使用，完全没有外排灰水；其次，在水力冲灰闭路循环系统中，由于灰渣中氧化钙的不断溶出，灰水中存在一定浓度的钙离子，这些钙离子可与灰水中的氟和砷反应，等溶解度很小的物质从灰水中沉淀分离出来；最后，经过一段时间的运行，不断补充进来的钙离子与氟和砷的反应达到平衡状态，使其浓度不再上升。如系统中平衡浓度过高，可从中抽出一部分灰水专门进行除氟、除砷处理后，再返回系统或排走。

需要指出的是，闭路循环系统中的灰水具有明显的生成 $CaCO_3$ 垢的倾向。应根据粉煤灰中游离钙的含量、冲灰水的水质以及除尘、除灰工艺等因素，采取相应的防垢措施。在灰水系统中添加阻垢剂是比较常用的方法。

二、化学水处理酸碱废水的处理

化学水处理系统的酸碱废水具有较强的腐蚀性，并含有悬浮固体和有机、无机等杂质，一般不与其他类别的废水混合处理。处理该类废水的目的是，要求处理后的 pH 值在 6~9，并使杂质的含量减少，满足排放标准。

处理此类酸碱废水大都采用自行中和法。此法是将酸碱废水直接排入中和池（或 pH 值调整池），用压缩空气或排水泵循环搅拌，并补充酸或碱，将 pH 值调整到 6~9 范围内排放。运行方式大多为批量中和，即当中和池中的废水达到一定体积后，再启动中和系统。

中和系统由中和池、搅拌装置、排水泵、加酸加碱装置、pH 计等组成。中和池也称作 pH 值调整池，大都是水泥构筑物，内衬防腐层，容积大于 1~2 次再生废液总量；搅拌装置位于池内，一般为叶轮、多孔管；排水泵的主要作用是排放中和后合格的废水，兼作循环搅拌；加酸加碱装置的作用是向中和池补加酸或碱，以弥补酸碱废水相互中和不足的酸、碱量。

由于化学除盐工艺的特点，一般酸性废水的总酸量大于碱性废水的总碱量，酸碱废水混合后 pH 值偏低，为中和这部分剩余的酸量，可用以下两种方法解决：①在中和池投加碱性药剂（如 NaOH 或 CaO）；②将中和后的弱酸性废水排入冲灰系统。

对于采用水力冲灰的火力发电厂，可以将酸碱废水直接补入冲灰系统，以节省中和处理用的酸和碱。酸性废水对防止冲灰系统结垢是有利的。即使是碱性废水，因其水量与冲灰系统的水量相比少得多，也不会对冲灰系统产生大的影响。

另外，还可以采用弱型树脂处理工艺处理酸碱废水。这种处理方式是将酸性废水和碱性废水交替通过弱酸性阳离子交换树脂，当废酸液通过弱酸盐型树脂时，它就转为 H 型，除去废液中的酸；当废碱液通过时，弱酸树脂将 H^+ 放出，中和废液中的碱性物质，树脂本身转变为盐型。通过反复交替处理，不需要还原再生。该方法具有占地面积小，处理后水质好等优点，但因投资大，故较少采用。

三、脱硫废水的处理

脱硫废水含有的污染物种类多，是火电厂各种排水中处理项目最多的特殊排水。主要处理项目有 pH 值、悬浮固体、氟化物、重金属、COD 等。对不同组分的去除原理分别是：①重金属离子——化学沉淀；②悬浮固体——混凝沉淀；③还原性无机物——曝气氧化、絮凝体吸附和沉淀；④氟化物——生成氟化钙沉淀。

目前，国内一般采用两种方式处置 FGD（Flue Gas Desulfurization）废水：①将 FGD 废水送入水力除灰系统，利用灰浆的碱度中和废水的酸度，并利用灰浆颗粒吸附废水的有害物质；②单独设置一套废水处理装置，处理后的废水达标排放或另作他用。这里仅对脱硫废水单独处理系统做介绍。这种系统的处理工艺分为废水处理和污泥浓缩两大部分，其中，废水处理工艺由中和、化学沉淀、混凝澄清工序组成。

（一）中和

中和是向废水中加入碱化剂（又称中和剂），将废水 pH 值提高至 6~9，使重金属（如锌、铜、镍等）离子生成氢氧化物沉淀。常用的中和剂有石灰、石灰石、苛性钠、碳酸钠等，其中，石灰来源广泛、价格低、效果好，应用最广泛。此外，在采用石灰中和剂时，除可提高 pH 值和沉淀重金属外，还具有以下作用。

(1) 凝聚沉淀废水中的悬浮固体。

(2) 去除部分 COD。脱硫废水中的 COD，大部分来源于二价铁盐或以 S_2O_6 为主体的硫化物，其比例依煤种、脱硫装置类型以及运行条件的不同而有较大差异。对于二价铁，将 pH 值调整到 8~10，即可在空气中氧化，生成氢氧化铁沉淀，将浓度降到 1mg/L 以下。

(3) 除氟除砷。因为石灰能与氟反应生成 CaF_2 沉淀，与砷反应生成 $Ca(AsO_3)_2$、$Ca(AsO_4)_2$ 沉淀。

(二) 化学沉淀

采用氢氧化物和硫化物沉淀法处理脱硫废水，可同时去除以下污染物质：①重金属离子(如汞、镉、铅、锌、镍、铜等)；②碱土金属(如钙和镁)；③某些非金属(如氟、砷等)。常用的药剂有石灰、硫化钠和有机硫化物(简称有机硫)等。

在实际操作时废水的 pH 值为 8~9，金属硫化物是比氢氧化物有更小溶解度的难溶沉淀物，且随 pH 值的升高，溶解度呈下降趋势。氢氧化物和硫化物沉淀对重金属的去除范围广，对脱硫废水所含重金属均适用，且去除效率较高。

(三) 混凝澄清处理

经化学沉淀处理后的废水中，仍含有许多微小而分散的悬浮固体(包括未沉淀的重金属的氢氧化物和硫化物)和胶体，必须加入混凝剂和助凝剂，使之凝聚成大颗粒而沉降下来。常用的混凝剂有硫酸铝、聚合氯化铝、三氯化铁、硫酸亚铁等，常用的助凝剂有石灰、高分子絮凝剂等，如聚丙烯酰胺。

四、循环冷却系统排污水的处理

循环冷却系统排污水的处理是去除污水中的悬浮固体、微生物和 Ca^{2+}、

Mg^{2+}、Cl^-、SO_4^{2-}等离子，处理后再返回冷却系统循环使用，或者作为锅炉补给水的原水。

目前，火力发电厂常采用的循环冷却系统排污水处理的系统包括混凝过滤+反渗透处理和纳滤处理等工艺。

(一) 混凝过滤+反渗透处理

混凝过滤的目的是除去水中的悬浮固体、尘埃，同时作为反渗透装置的预处理。混凝过滤的工艺流程一般采用"加药—混凝—澄清过滤（或微滤）"；反渗透的作用是除盐，处理后的排污水继续用作冷却水，可以满足凝汽器管材对盐浓度的要求，同时可以提高冷却水的浓缩倍率。

混凝过滤+反渗透处理工艺系统包括以下3个子系统。

(1) 预处理系统。预处理系统是反渗透系统正常稳定运行的基本保证。预处理包括水温调节、絮凝澄清、消毒、过滤吸附等环节。该预处理系统采用的是"混凝+澄清+过滤+活性炭"工艺流程。

(2) 反渗透系统。反渗透系统一般设计成两段或三段，每段由装填若干膜元件（通常1~8支）的压力容器并联组成。

(3) 加药系统。加药系统包括自动絮凝剂加药装置、自动助凝剂加药装置、自动加酸装置、自动阻垢剂加药装置。

(二) 纳滤处理

与反渗透相比，纳滤过程的操作压力更小（1.0MPa以下），在相同的条件下可大大节能。处理后的水质符合工业用水和循环水、补充水的用水标准，可降低耗水量和对水环境的污染。

纳滤可有效去除循环冷却排污水中的悬浮固体和总硬度，降低含盐量，其中，总溶解性固体和总硬度的去除率达到90%以上，含盐量去除率达到80%以上，处理后的水质符合工业用水和循环水、补充水的水质要求。

由于纳滤膜对一价离子的去除率不高，如果纳滤膜材质选择不当，循环水中的氯离子可能会富集。当采用纳滤膜处理循环冷却排污水时，一定要考虑氯离子的影响。解决的办法有两种：①根据水质情况选择合适的凝汽器管材，凝汽器的管材要耐氯离子的腐蚀；②根据循环水原水中氯离子的含量选择合适的纳滤膜材质。

五、生活污水处理

生活污水的处理主要是降低污水中有机物的含量。实践表明，生活污水通过二级处理后，其 BOD 和悬浮固体均可达到国家和地方的排放标准，其出水可作为冲灰水、杂用水等。

生活污水的二级处理通常用生物处理法。目前，电厂的生活污水处理系统常采用技术较成熟的地埋组合式生活污水处理设备，将生活污水集中至污水处理站，进行二级生物处理，经消毒合格后排放。

生活污水先流经格栅井，通过格栅井中的格栅截留污水中较大的悬浮固体，以减轻后续构筑物的负荷；污水进入调节池，均和水质和水量后，经潜污泵送入组合式一体化埋地式生活污水处理设备（即 A/O 一体化处理设备）。该设备包括初沉区、厌氧区、好氧区、二沉区、消毒区、风机室 6 个部分。在初沉区，污水中的部分悬浮颗粒沉淀；厌氧区中装有组合式生物填料，易生物挂膜，厌氧菌在膜上充分附着，分解污水中大分子的蛋白质、脂肪等颗粒为小分子的可溶性有机物；好氧区装有新型多面空心球填料，并设风机鼓风曝气，使有机物在好氧菌的作用下彻底分解；二沉区的作用是沉淀生物反应段产生的悬浮固体；污水最终经消毒处理后自流至中水池。初沉区及二沉区的剩余污泥通过污泥泵排入污泥消化池，经过鼓风机充入空气消化后由污泥提升泵排至污泥脱水机脱水，上清液回流至调节池。

另外，生活污水也可送入化粪池，经处理后直接用于冲灰，利用粉煤灰的吸附作用降低 COD，经灰场稳定后再排放。灰场种植的芦苇等植物，由于根系的吸收作用，可有效降低灰水（含生活污水）的 COD，使排水达到国家废水排放标准。

六、停炉保护废水的处理

停炉保护废水中含有较高浓度的联氨，处理此类废水一般采用氧化处理，将联氨氧化为无害的氮气。处理方法如下。

(1) 将废水的 pH 值调整至 7.5~8.5。

(2) 加入氧化剂（通常使用 NaClO），并使其充分混合，维持一定的氧化剂浓度和反应时间，使联氨充分氧化。

在废液处理前，一般需要通过小型试验确定氧化剂的用量和反应时间。氧化后的废水还要被送入混凝澄清、中和处理系统，进一步去除水中的悬浮固体并进行中和，使水质达到排放或回用的标准。

七、锅炉化学清洗废水的处理

锅炉启动前的化学清洗和定期清洗排放的废液属于不定期排放，特点是废液量大、有害物质浓度高、排放时间短。

火力发电厂常用的化学清洗介质有盐酸、氢氟酸、柠檬酸、EDTA等，不同的清洗介质产生的废液成分差异很大。但是，无论何种清洗介质，产生的废液都具有高悬浮固体含量、高COD、高含铁量、高色度的共同特点。因此，一般需设置专门的储存池，针对不同的清洗废液，采用不同的处理方法。

（一）柠檬酸清洗废液的处理

柠檬酸清洗废液是典型的有机废水，COD很高，对环境的污染很强。针对此种废液有以下处理方式。

（1）焚烧法。利用可燃性，将废液与煤粉混合后送入炉膛中焚烧。有机物分解为H_2O和CO_2。重金属离子变成金属氧化物，其中约90%沉积在灰渣中，约10%随烟气进入大气，一般能符合排放标准。

（2）化学氧化法，如空气氧化、臭氧氧化等。在氧化处理时，一般需要将pH值调至10.5~11.0的范围，因为当pH=10时，铁的柠檬酸配合物可以被破坏；当pH值>11时，铜、锌的柠檬酸配合物会被破坏。在氧化处理后，由于悬浮固体浓度很高，需要送入混凝澄清处理系统进一步处理。

（二）EDTA清洗废液的处理

EDTA清洗是配位反应，而配位反应是可逆的。EDTA是一种比较昂贵的清洗剂，因此，可以考虑从废液中回收。回收的方法有直接硫酸法回收、NaOH碱法回收等。

(三) 氢氟酸清洗废液的处理

氢氟酸清洗废液中所含的氟化物浓度很高，一般采用石灰沉淀法处理后排放。其基本原理可参见冲灰水中有关氟化物的处理。

此外，在锅炉清洗废液中还含有亚硝酸钠和联氨等成分，其中，联氨的处理方法与停炉保护废水中联氨的处理相同，在此介绍亚硝酸钠废液的处理。

亚硝酸钠是锅炉清洗中使用的钝化剂，可采用还原分解法处理，使用的还原剂有氯化铵、尿素和复合铵盐等，但使用氯化铵会产生二氧化氮。在实际操作中会有大量黄色气体溢出，造成二次污染，且反应慢，处理时间长，亚硝酸钠残留量大，因此较少采用氯化铵。比较好的是采用复合铵盐，用此法处理后的废液无色、无味，符合我国废水排放标准，且处理过程不会造成二次污染。

(四) 联氨废液的处理

联氨可以作为钝化剂，也可以作为停炉保护剂，这样一来，锅炉启动时就会产生含联氨和氨的废水。目前，处理这种废水的方法是采用氧化法，常用的氧化剂有 $NaOCl$、$Ca(OCl)_2$ 和液态氯。

八、含煤废水的处理

煤场排水中的悬浮固体、pH 值、重金属的含量都可能超标。目前，我国火电厂采用的含煤废水处理流程主要有以下两种。

(1) 混凝、沉淀、过滤工艺流程，含煤废水→混凝、澄清→沉淀→过滤→循环使用。

(2) 混凝、膜过滤的工艺流程。随着微滤水处理技术的普及，近年来，在国内的一些火力发电厂已开始采用微滤装置处理含煤废水。微滤作为膜处理的一种，具有占地面积小、处理后水的悬浮固体浓度低等优点。但其处理成本要高于沉淀或澄清处理，主要是运行维护成本较高，如控制单元的自动阀门、控制元件等需要定期更换，而且需要定期进行化学清洗。

此外，对于重金属含量高的煤场废水，还应同时添加石灰乳中和到 pH 值为 7.5~9.0，使排水中的重金属生成氢氧化物沉淀。

第三节　废水的集中处理及回用

火力发电厂的工业废水处理主要有分散处理和集中处理两种类型。

分散处理是根据电厂产生的废水水量和水质就地设置废水储存池，对废水进行单独收集，就地处理达标后回收或排入灰场。这种处理系统的特点为：废水污染因子比较单一，污染程度较轻，处理工艺简单，基建投资少，占地面积小，布置灵活，检修和维护工作少。

集中处理是将电厂产生的各种废水分类收集并储存，根据水量和水质选择一定的工艺流程集中处理，使其达到排放标准后排放或回收利用。废水集中处理由于系统完善，能处理电厂各类废水，且处理效果好，处理后的水可以回收利用。目前，300MW以上机组的大型火力发电厂大多采用工业废水集中处理系统。

本节主要介绍火电厂的废水集中处理与回用系统。

一、工业废水的收集设施

典型的废水集中处理站设有多个废水收集池，可以根据水质的差异分类收集多种废水。

(一) 机组排水槽

机组排水槽靠近主厂房，作用是汇集主厂房排出的各路废水，使水质均化并缓冲水量的变化。为了防止悬浮固体在槽内沉淀，排水槽底部设有曝气管，利用压缩空气搅拌废水。

机组排水槽一般为地下结构，利于废水自流收集。另外，槽内壁采用环氧玻璃钢防腐。

(二) 废液池

在火力发电厂的废水集中处理站设有若干废液池，用于收集不同类型的废水。各池的管路相通，必要时可相互切换。收集的废水有化学车间的酸碱废水、主厂房的机组杂排水、锅炉化学清洗废液、停炉保护废液、空气预热器和省煤器的冲洗水等。

废液池一般为半地下结构，池内壁经过防腐处理，池底部配有曝气管或曝气器，起搅拌和氧化的作用。废液池有单独的出水管与相应的处理装置连接，有些可直接排入灰场。

二、火力发电厂的废水集中处理及回用系统

在工业废水集中处理系统中要处理的废水种类较多，水中可能的污染物有悬浮固体、油、联氨、清洗剂、有机物、酸、碱、铁等，这些杂质的去除工艺不完全相同。对于经常性废水，其超标项目通常主要是悬浮固体、有机物、油和pH值。一般经过pH值调整、混凝、澄清处理后即可满足排放标准。对于非经常性废水，由于其水质、水量差异很大，需要先在废液池中进行预处理，除去特殊的污染物后再送入后续系统处理。因此，大多数火力发电厂的废水集中处理站都建有混凝澄清处理系统，主要用于经常性废水的处理，同时用于处理经过预处理的非经常性废水。

目前，工业废水集中处理技术已日趋成熟，基本工艺是酸碱中和、氧化分解、凝聚澄清、过滤和污泥浓缩脱水。

第四节　火力发电厂的水平衡

火力发电厂的水平衡是将整个火力发电厂作为一个用水体系，各系统水的输入、输出和损耗之间存在平衡关系，这种平衡关系是通过水平衡试验得出的。除了在正常运行阶段进行定期的水平衡试验，当有下列情况时，也需要进行试验。

（1）新机组投入稳定运行一年内。
（2）主要用水、排水、耗水系统设备改造后运行工况有较大变化。
（3）与同类型机组相比，运行发电水耗明显偏高。
（4）欲实施节水、废水回用或废水零排放工程的火力发电厂。

一、与水平衡有关的几种水量的概念及相互之间的关系

(一) 总用水量

总用水量是指火力发电厂的各用水系统在发电过程中使用的所有水量之和,用符号 V_T 表示。包括由水源地送来的新鲜水和代替新鲜水的回用水以及循环使用的水量。可见,总用水量并不是火电厂总取水口测定的流量值。

(二) 取水量

取水量是指除直流冷却水外,由厂外水源地送入厂内的新鲜水或城市中水的量,该水量包括工业用水量和厂区生活用水量。在工业用水管理与水平衡计算中用符号 V_F 表示。

(三) 复用水量

复用水量是指在生产过程中,在不同设备之间与不同工序之间经二次或二次以上重复利用的水量;或经处理后,再生回用的水量。复用水量用符号 V_R 表示,在火力发电厂,水的复用有以下3种形式。

(1) 循序使用。将一个系统的排水直接用作另一个系统的补水,如工业冷却水排水直接补入冷却塔。

(2) 循环使用。将系统的排水经过一定处理后补回原系统循环使用。火力发电厂最大的循环用水系统有循环冷却水、锅炉汽水循环、灰水循环系统等。另外,含煤废水大都是经过处理后循环使用的。

(3) 废水处理后的回用。这种方式是将收集到的各种废水经过处理后,按照水质要求分别补入其他系统。火力发电厂的废水回用大都采用这种形式。

(四) 排水量

排水量是指在生产过程中,将用完的废水最终排出生产系统外的水量,用符号 V_D 表示。火力发电厂的排水量是指向厂外排放的水量,不包括凝汽

器直流冷却排水量。

(五) 耗水量

耗水量是指在生产过程中，通过蒸发、风吹、渗漏、污泥或灰渣携带等途径直接损失的水量，以及职工饮用而消耗的水量的总和，用符号 V_H 表示。

二、评价水平衡的关键指标

(一) 装机水耗和发电水耗

装机水耗和发电水耗实质上是装机取水量和发电取水量，而不是耗水量。装机水耗是指按照总装机容量所确定的全厂单位时间的取水量，等于设计新鲜水取水量与装机容量的比值，用于设计阶段水资源量的规划。发电水耗是根据一段时间内的发电量和取水量，计算出每千瓦·时发电量需要的新鲜水量，等于全厂发电用新鲜水总取水量与全厂发电总量的比值，其常用单位是 kg/kWh 或 m^3/MWh。

对于已投产运行的火力发电厂，发电水耗是评价用水水平最直接的指标。但是，在不同运行条件下发电水耗是不同的。另外，相同机组在不同季节的发电水耗也有很大差别。因此，发电水耗不能是某次测定的瞬间值，而是一段时间 (如全年) 内测定的平均值。

(二) 复用水率

复用水率是指所有重复使用的水量占全厂用水总量的百分数，其中包括循环水量、水汽循环量以及其他循环使用、回用的水量。

对于循环冷却型湿冷机组，循环水系统的循环流量很大，其循环流量可占全厂用水量的90%以上，所以复用水量往往是取水量的很多倍。因此，循环冷却型火力发电厂计算出的复用水率一般均大于95%，如此高的复用水率往往掩盖了不同电厂的废水复用量的差别。因此，用复用水率很难反映火电厂实际的废水回用水平。

(三)废水回用率和废水排放率

废水回用率是指回用废水总量占全厂产生的废水总量的百分数，它与复用水率的不同之处在于：废水回用率不包括循环使用的水量，如循环水系统的循环水、经灰浆浓缩池沉淀处理后循环使用的冲灰水等。废水回用率的大小可以准确反映火力发电厂的废水回用水平。但目前存在的问题是全厂废水总量难以测定。

废水排放率是与废水回用率相对的概念，是指火力发电厂在生产过程中向厂外排出的水量占废水总量的百分数。

(四)其他指标

各用水系统还有其他的指标，如汽水循环系统的排污率、补水率、汽水损失率等，冲灰系统的灰水比、补充水率等，循环水系统的浓缩倍率、排污率等。

三、水平衡试验中几个关键水量的确定

在水的使用过程中，会产生大量损耗。在火力发电厂的水耗构成中，最大的损耗是冷却塔内循环水的蒸发损失，这部分水量无法直接测定，只能通过计算得出。另外，火力发电厂的用水设备类型很多，既有连续式用水设备，又有间歇式的季节性用水设备。很多设备的用水量并不固定，测定起来有一定困难。下面介绍在水平衡试验过程中容易产生误差的几个部分。

(一)冷却塔内循环水蒸发损失量

循环冷却水系统是火力发电厂用水、耗水量最大的系统。冷却塔的蒸发、风吹损失和泄漏损失不能直接测量，需要根据理论公式或经验公式计算。这部分水量的计算是否准确，将直接影响全厂水平衡的测试水平。

冷却塔的蒸发损失率有两种计算方式。

(1)当不进行冷却塔的出口气态计算时，蒸发损失率宜按式(6-1)计算确定。

$$P_z = K_{ZF} \Delta t \times 100\% \qquad (6-1)$$

式中：P_z——蒸发损失率，%；

K_{ZF}——与环境温度有关的系数；

Δt——冷却塔进出口水温差，℃。

（2）如果对进入和排出冷却塔的空气状态进行详细计算，蒸发损失率按式（6-2）计算确定。

$$P_Z = \frac{G_d}{q_V}(x_1 - x_2) \times 100\% \qquad (6-2)$$

式中：G_d——进入冷却塔的干空气质量流量，kg/s；

q_V——进塔的循环水流量，kg/s；

x_1——进塔空气的含湿量，kg/s；

x_2——出塔空气的含湿量，kg/s。

在进行水平衡试验时，一般使用相对简单的第一种计算方法。

（二）风吹、泄漏损失量

风吹损失由两部分构成：一是在冷却塔内，向上流动的空气在与水接触的过程中，既带走了水的热量，也夹带着水滴；二是部分由填料层下落的水滴被风横向吹出冷却塔，也构成了水量的损失。为了减少上流空气的夹带损失，很多冷却塔的顶部装有除水器，其除水率一般在99%以上，可以使风吹损失率降低到0.1%。泄漏损失是由系统不严密或水位控制不好产生溢流造成的。风吹损失和泄漏损失一般不可测量，只能根据经验估算。

（三）间断性用水量和排水量

火电厂的间断性排水主要包括设备的冲洗、排污等，还有一些季节性用水设备，如水冷空调用水等。这些水量有些是可以直接测量的，但其流量和排放频率是变化的，因此，折算成时间流量后的数据有较大的误差。

第五节　中水回用

目前，部分电厂以城市中水作为补充水源或冷却水的补充水源，本节对此做一个简单介绍。

一、概述

在目前水资源逐渐短缺的情况下，人们已认识到水在自然界中既是唯一不可替代的资源，也是唯一可以重复利用的资源。人类使用过的水，污染物质只占 0.1% 左右，比海水 3.5% 的污染物质少得多，废水经过适当处理，可以重复利用，实现水在自然界中的良性循环，并且废水就近可得，易于收集，再生技术也已基本成熟。

为解决水的危机，世界各国都采取了积极有效的措施，在各种措施中，具体可行的有效途径之一就是中水回用。

中水（Reclaimed Water）一词源于日本，称中水道，它将城市和居民产生的杂排水经过适当处理，达到一定的水质后，回用于冲洗厕所、汽车，用于绿化或作为冷却水的补充水的非饮用杂用水，因其水质介于上水与下水之间而得名。中水回用除要求水质合格和水量够用外，还应考虑经济效益。

中水回用在国外已实施很久，而且规模很大，已显示出明显的经济效益和社会效益。除美国、以色列外，日本、俄罗斯、西欧各国、印度、南非的污水回用技术也很普遍。

我国是一个水资源严重缺乏的国家，这不仅制约了经济的快速发展，也影响了人们的日常生活，特别是近年来许多城市严重缺水，已引起从中央到地方各级政府的高度重视。

目前，我国已有几十个城市在建设污水回用工程，但目前还不提倡将其用作与人体直接接触的娱乐用水和饮用水。

我国的火力发电厂是工业用水第一大户，年用水量已超过 230 亿 m^3，占工业总用水量的 20%。据有关资料统计，我国火力发电厂平均水耗为 $1.64m^3（GW·s）$，是国外平均水平 $0.7 \sim 0.9m^3（GW·s）$ 的 2 倍。所以，电力行业如何节约用水，提高水的重复利用率，降低水耗，是当前面临的一个十分重要的问题。

二、中水水质标准

中水能否作为水资源，或者说能否回用，主要取决于水质是否达到相应的回用水水质标准，而且不会造成潜在的二次污染。回用水的水质应首先满足卫生要求，主要指标有细菌总数、大肠杆菌群数、余氯量、悬浮固体、生物化学需氧量、化学需氧量；其次要满足感观要求，主要指标有色度、浊度、臭、味等；最后要求不会引起设备管道的严重腐蚀和结垢，主要指标有pH值、浊度、溶解性物质和蒸发残渣等。

由于回用水使用范围广，水质要求各不相同，目前，我国还没有系统地制定回用水的水质标准，下面按回用水的用途进行介绍。

(一) 灌溉回用水水质标准

灌溉回用水的水质要求主要包括不传染疾病、不影响农作物的产量和质量、不破坏土壤的结构和性能、不使其盐碱化、不污染地下水、有害物及重金属的积累不超过标准。我国灌溉水质标准应符合《农田灌溉水质标准》（GB 5084—2021），它也可作为灌溉回用水的水质标准。

(二) 工业回用水水质标准

由于工业生产类型繁多，对水质要求各有不同，而且差异很大，各种污水的水质和性质也千差万别。因此，应从实际需要出发，以各类工业用水的水质要求为依据。在各类工业用水中，以冷却用水水量最大，而且对水质的要求相对较低。所以，目前国内外优先考虑将处理后的出水用作冷却水。当将中水作为冷却水回用时，对水质的要求是：在换热设备中不结垢、不腐蚀、不产生过多泡沫、不存在过多的有利于微生物生长的营养物质。

(三) 城市杂用水水质标准

《城市污水再生利用—城市杂用水水质》（GB/T18920—2020）中规定了城市杂用水水质标准，可作为污水回用于电厂内部杂用水时的标准。当中水回用于城市杂用水时，其水质应达到：卫生安全可靠、无有害物质；不引起管道、设备腐蚀；外观无不愉快感觉。

三、中水处理系统的组成

(一)中水处理系统的水体来源及系统组成

中水处理系统的水体来源是城市污水，它是生活污水、工业废水、被污染的雨水和排入城市排水系统的其他污染水的总称。生活污水是人类在日常生活中使用过的，并为生活废料所污染的水；工业废水是在工矿企业生产活动中用过的水，这种水有可能在生产过程中受到某种生产原料或半成品的污染，也可能因温度升高等失去使用功能；被污染的雨水，主要是指初期雨水，因为冲刷了地表上的各种污物，所以污染程度很高，必须由市政中水系统进行处理。城市污水、生活污水、生产污水或经工业企业局部处理后的生活污水，往往都排入城市排水系统，故把生活污水和生产污水的混合污水叫作城市污水。

中水处理系统是指中水的净化处理、集水、供水、计量、检测设施及附属设施组合在一起的综合体。

中水处理系统按水处理的工艺流程可分为前期预处理(与一级处理基本相当)、主要处理(与二级处理基本相当)和深度处理(与三级处理基本相当)。

(1)前期预处理。其主要任务是悬浮固体截留、毛发截留、水质水量的调节、油水分离等，其处理单元有各种格栅、毛发过滤器、调节池、消化池。

(2)主要处理。为此阶段各系统的中间环节，起承上启下的作用。处理方法根据生活污水的水质确定，其中包括生物处理法和物理化学处理法。

(3)深度处理。主要是生物处理或物理化学处理后的深度处理，应使处理水达到回用所规定的各项指标。可利用的处理单元有混凝沉淀、吸附过滤、深度过滤、超滤、化学氧化、消毒、电渗析、反渗透、离子交换等，以保证中水水质达标。

中水处理设施是指中水水源的收集处理系统和中水供水系统及相关的水量、水质处理设备，以及与安全、防护、检测控制等配套的构筑物和设备器材等。

(二) 中水回用水源及水质

中水回用水源有以下两种。

(1) 以城市污水处理厂的二级处理出水为水源。这种水源和水质相对比较稳定，经消毒或其他处理后可回用市政用水、工业用水，也可用作火力发电厂补充用水。城市污水处理厂二级处理出水的水质为：SS<30mg/L，$BOD_5 \leqslant 30mg/L$，COD<120mg/L。

(2) 以建筑物或建筑群内的生活污水和冷却水为水源。这种水源应按下列顺序取舍：冷却水、淋浴排水、盥洗排水、洗衣排水、厨房排水、厕所排水。这种水源的成分、数量、污染物浓度等情况与居民的生活习惯、建筑物用水量及用途有关。

参考文献

[1] 华北水利水电大学水利水电工程系. 水利工程概论 [M]. 北京：中国水利水电出版社，2020.

[2] 徐青. 水利工程一体化管控系统 [M]. 郑州：黄河水利出版社，2022.

[3] 马德辉，于晓波，苏拥军，等. 水利信息化建设理论与实践 [M]. 天津：天津科学技术出版社，2021.

[4] 赵喜萍，张利刚，王炜，等. 水库信息化工程新技术研究与实践 [M]. 郑州：黄河水利出版社，2020.

[5] 高玉琴，方国华. 水利工程管理现代化评价研究 [M]. 北京：中国水利水电出版社，2020.

[6] 江苏省水旱灾害防御调度指挥中心，江苏省水文水资源勘测局. 水利精准调度理论与实践 [M]. 南京：河海大学出版社，2022.

[7] 方国华，黄显峰，金光球. 水利水电系统规划与优化调度 [M]. 北京：中国水利水电出版社，2023.

[8] 魏娜，卢锟明，贾仰文，等. 面向生态的水利工程协调调度理论与实践 [M]. 北京：中国水利水电出版社，2022.

[9] 陈凯，平扬，熊寻安，等. 智慧水利应用实践 [M]. 南京：江苏凤凰科学技术出版社，2021.

[10] 吴海燕. 5G+智慧水利 [M]. 北京：机械工业出版社，2022.

[11] 刘满杰，谢津平. 智慧水利创新与实践 [M]. 北京：中国水利水电出版社，2020.

[12] 娄保东，张峰，薛逸娇. 智慧水利数字孪生技术应用 [M]. 北京：中国水利水电出版社，2021.

[13] 冶运涛. 智慧水利大数据理论与方法 [M]. 北京：科学出版社，2020.

[14] 唐荣桂. 水利工程运行系统安全 [M]. 镇江：江苏大学出版社，2020.

[15] 王玉梅. 水利水电工程管理与电气自动化研究 [M]. 长春：吉林科学

技术出版社，2021.

[16] 武汉大学水质工程系，周柏青，陈志和.热力发电厂水处理[M].5版.北京：中国电力出版社，2019.

[17] 李培元，周柏青.火力发电厂水处理及水质控制[M].北京：中国电力出版社，2018.

[18] 陈海玲.电厂设备的腐蚀与清洗研究[M].西安：西北工业大学出版社，2020.

[19] 张丽艳，赵林，刘芙荣.水利工程地质勘察与灾害评估[M].延吉：延边大学出版社，2019.

[20] 霍夫塔伦.水利工程学基础[M].4版.许栋，译.天津：天津大学出版社，2020.

[21] 张雪锋.水利工程测量[M].北京：中国水利水电出版社，2020.

[22] 陈涛.水利工程测量[M].北京：中国水利水电出版社，2019.

[23] 司富安，蔡耀军，李会中.中国水利学会勘测专业委员会2021年年会暨学术交流会论文集复杂条件下水利工程勘察与创新[M].武汉：中国地质大学出版社，2021.

[24] 郭见扬，谭周地.中小型水利水电工程地质[M].2版.北京：水利电力出版社，2023.

[25] 张世殊，许模.水电水利工程典型水文地质问题研究[M].北京：中国水利水电出版社，2018.

[26] 肖辉.水利水电工程地质勘察设计与施工技术研究[M].北京：中国原子能出版社，2018.

[27] 中华人民共和国水利部.水利水电工程地质观测规程 SL 245—2013[M].北京：中国水利水电出版社，2018.

[28] 张敬东，宋剑鹏，于为.水利水电工程施工地质实用手册[M].武汉：中国地质大学出版社，2022.

[29] 张兵，史洪飞，吴祥朗.水利水电工程勘测设计施工管理与水文环境[M].北京：北京工业大学出版社，2020.

[30] 师川明，王松林，张晓波.水文地质工程地质物探技术研究[M].北京：文化发展出版社，2020.